智能制造工业软件应用系列教材

数字化工艺仿真
（下　册）

胡耀华　梁乃明　总主编
秦　毅　程泽阳　编　著

机械工业出版社

本书是《数字化工艺仿真（上册）》的进阶版，通过项目实例系统全面地介绍了西门子 Process Simulate 软件各个模块的操作方法。本书共 14 章，通过实例操作来帮助读者理解各章的操作重点和难点，达到由基础到进阶的学习目的。

对于高校的学生，本书还可作为实验指导书。学生可结合《数字化工艺仿真（上册）》的内容进行学习，从而更加全面、系统地学习 Process Simulate。

本书可以作为智能制造专业本科生的教材，也可以作为高等专科学校或职业技术学院的程序设计教材，还可以作为产品研发、制造业信息化、产品数据管理开发的 IT 人员和管理人员的参考书。

图书在版编目（CIP）数据

数字化工艺仿真：下册 / 胡耀华，梁乃明总主编；秦毅，程泽阳编著．—北京：机械工业出版社，2021.12

智能制造工业软件应用系列教材

ISBN 978-7-111-69881-4

Ⅰ. ①数… Ⅱ. ①胡… ②梁… ③秦… ④程… Ⅲ. ①智能制造系统-计算机仿真-高等学校-教材 Ⅳ. ①TH166

中国版本图书馆 CIP 数据核字（2021）第 260143 号

机械工业出版社（北京市百万庄大街 22 号　邮政编码 100037）
策划编辑：王勇哲　　　　　责任编辑：王勇哲　张翠翠
责任校对：张亚楠　王明欣　封面设计：王　旭
责任印制：常天培
北京机工印刷厂印刷
2022 年 2 月第 1 版第 1 次印刷
184mm×260mm・11.75 印张・290 千字
标准书号：ISBN 978-7-111-69881-4
定价：48.00 元

电话服务　　　　　　　　　网络服务
客服电话：010-88361066　　机 工 官 网：www.cmpbook.com
　　　　　010-88379833　　机 工 官 博：weibo.com/cmp1952
　　　　　010-68326294　　金 书 网：www.golden-book.com
封底无防伪标均为盗版　　　机工教育服务网：www.cmpedu.com

前 言

本书介绍的是西门子 PLM 中的 Tecnomatix Process Simulate 工艺仿真软件，它是一个集成的在三维环境中验证制造工艺的仿真平台。在这个平台上，工艺规划人员和工艺仿真工程师可以采用组群工作的方式协同工作，利用计算机仿真来模拟和预测产品的整个生产制造过程，并把这一过程用三维方式展示出来，从而验证设计和制造方案的可行性，尽早发现并解决潜在的问题。这对于缩短新产品开发周期、提高产品质量、降低开发和生产成本、降低决策风险都是非常重要的。制造商可以利用 Process Simulate 在早期对制造方法和手段进行虚拟验证。该方式通过对产品和资源的三维数据的利用，极大地简化了复杂制造过程的验证、优化和试运行等工程任务，从而保证更高质量的产品被更快地投放市场。

本书共有 14 章，分别是 Process Simulate 背景介绍、建模与基础操作、组件的导入、工具坐标系、工具属性及运动学、产品运动仿真操作、简单拾取和放置、多工位搬运、简单焊接、联动焊接、机器人数控加工、抛光、去毛刺（内部 TCP）及去毛刺（外部 TCP）。与本书配合使用的《数字化工艺仿真（上册）》和本书同步出版。

本书是智能制造工业软件应用系列教材中的一本，本系列教材在东莞理工学院校长马宏伟和西门子中国区总裁赫尔曼的关怀下，结合西门子公司多年在产品数字化开发过程中的经验和技术积累编写而成。本系列教材由东莞理工学院的胡耀华和西门子公司的梁乃明任总主编，东莞理工学院的秦毅和西门子公司的程泽阳共同编著。虽然作者在本书的编写过程中力求描述准确，但由于水平有限，书中难免有不妥之处，恳请广大读者批评指正。

编著者

目 录

前言
第1章　Process Simulate 背景介绍 …… 1
1.1　Process Simulate 的价值体现 …………… 1
1.2　综合环境制造过程验证 …………… 1
1.3　Process Simulate 的功能 …………… 2
1.4　Process Simulate 的优点 …………… 3
第2章　建模与基础操作 …… 4
2.1　教学目标 …………… 4
2.2　工作任务 …………… 4
2.3　实践操作 …………… 4
第3章　组件的导入 …… 10
3.1　教学目标 …………… 10
3.2　工作任务 …………… 10
3.3　实践操作 …………… 10
第4章　工具坐标系 …… 18
4.1　教学目标 …………… 18
4.2　工作任务 …………… 18
4.3　实践操作 …………… 18
第5章　工具属性及运动学 …… 25
5.1　教学目标 …………… 25
5.2　工作任务 …………… 25
5.3　实践操作 …………… 25
第6章　产品运动仿真操作 …… 39
6.1　教学目标 …………… 39
6.2　工作任务 …………… 39
6.3　实践操作 …………… 39
第7章　简单拾取和放置 …… 47
7.1　教学目标 …………… 47
7.2　工作任务 …………… 47
7.3　实践操作 …………… 47
第8章　多工位搬运 …… 58
8.1　教学目标 …………… 58
8.2　工作任务 …………… 58
8.3　实践操作 …………… 59
第9章　简单焊接 …… 95
9.1　教学目标 …………… 95
9.2　工作任务 …………… 95
9.3　实践操作 …………… 95
第10章　联动焊接 …… 105
10.1　教学目标 …………… 105
10.2　工作任务 …………… 105
10.3　实践操作 …………… 105
第11章　机器人数控加工 …… 117
11.1　教学目标 …………… 117
11.2　工作任务 …………… 117
11.3　实践操作 …………… 117
第12章　抛光 …… 128
12.1　教学目标 …………… 128
12.2　工作任务 …………… 128
12.3　实践操作 …………… 129
第13章　去毛刺（内部TCP）…… 150
13.1　教学目标 …………… 150
13.2　工作任务 …………… 150
13.3　实践操作 …………… 151
第14章　去毛刺（外部TCP）…… 169
14.1　教学目标 …………… 169
14.2　工作任务 …………… 169
14.3　实践操作 …………… 169
缩略语索引 …………… 182
参考文献 …………… 184

第 1 章

Process Simulate背景介绍

随着时代的推进，产品和制造流程变得越来越复杂，给制造商带来了"产品上市速度"和"资产优化"方面的挑战。制造工程团队既需要推出无缺陷的产品，又需要达到成本、质量和投产目标。为了应对这些挑战，居行业领先地位的制造商需要利用企业产品的三维模型及相关资源，以虚拟方式对制造流程进行事先验证。

1.1 Process Simulate 的价值体现

Process Simulate 可提供与制造中枢完全集成的三维动态环境，用于设计和验证制造流程。制造工程师能在其中重用、创建和验证制造流程序列来进行仿真，并帮助优化生产周期和节拍。Process Simulate 扩展到各种机器人流程中，能进行生产系统的仿真和调试。

Process Simulate 有助于制造的设计和验证三维动态环境中的过程。Process Simulate 完全集成，因此能够被制造工程师重复使用，并用于验证制造业流程。

1.2 综合环境制造过程验证

利用 Process Simulate 验证不同的制造部门流程。装配过程、人工操作、焊接、胶合等工艺和其他机器人过程可以在相同的环境中模拟，允许用于模拟虚拟生产，模拟人类行为、机器人控制器和 PLC 逻辑。

1.2.1 Process Simulate 装配

利用 Process Simulate 装配，用户能够验证装配过程的灵活性。它能够使制造工程师决定高效的装配顺序，满足冲突间隙并识别最短的周期时间。通过搜索一个经过分类的工具库，进行虚拟伸展测试和冲突分析，并仿真产品以及工具的全部装配过程。Process Simulate 装配提供了选择最适合过程的工具的功能。

1.2.2 Process Simulate 人体工学

利用 Process Simulate 人体工学，用户能够验证工作站的设计，确保能够到达、装配和维护产品零件。Process Simulate 人体工学提供了强大的功能，可以分析和优化人机工程，从而确保根据行业标准实现人机工程的安全。使用人工仿真工具，用户能够进行真实的人工工作仿真，并根据行业标准的人机工程库来优化过程周期时间。

1.2.3　Process Simulate 焊接

利用 Process Simulate 焊接，从早期规划到详细工程以及离线编程，用户能够在一个三维的仿真环境中设计和验证焊接过程。Process Simulate 焊接简化了制造工程任务，比如焊点在工作站的分布，以满足几何约束和周期时间约束，并从一个经过分类的库中选择最适合的焊枪，以便重新使用已有焊枪和工具。

1.2.4　Process Simulate 机器人

利用 Process Simulate 机器人，用户能够设计和仿真高度复杂的机器人工作。利用 Process Simulate 工具，如循环事件求值程序和经过模仿的特定机器臂控制器，能够简化原本非常复杂的多机器臂同步化过程。该机器人仿真工具提供了这样一种功能，即为所有机器臂设计一个无冲突路径，并优化其周期时间。

1.2.5　Process Simulate 调试

利用 Process Simulate 调试，用户能够简化已有的从概念设计到车间所有阶段的制造和工程数据。Process Simulate 调试提供了一个通用的集成平台，以供各种学科都参与到生产区/单元（机械的和电子的）的实际试运行之中。利用 Process Simulate 调试，用户能够仿真实际的 PLC 代码和使用 OPC 的实际硬件，以及实际的机器人程序，从而确保真实的、虚拟试运行环境。

1.3　Process Simulate 的功能

Process Simulate 功能强大，具有碰撞检测分析、路径姿态优化、喷涂、焊接、打磨等工艺真实仿真、真实生产逻辑试车等功能块，可以根据不同的生产场景或者在多种加工要求下实现多样化的仿真，在大型企业也具有较高的应用比例。Process Simulate 的功能如下：

1) 三维仿真。
2) 静态和动态冲突检测。
3) 二维和三维剖面。
4) 三维测量。
5) 操作排序。
6) 装配和机器人路径规划。
7) 资源建模（三维和运动学）。
8) 生产线和工作站设计。
9) 手动任务仿真。
- 设计包络线。
- 姿态编译。

- 自动抓紧操作。
- 人机工程分析。

10) 点焊过程仿真。
- 把焊缝投影到零件上。
- 焊枪搜索操作。
- 焊枪验证。
- 设计和修改焊枪，定义四连杆机构。

11) 机器臂伸展测试。
- 机器臂智能定位。
- 机器人仿真编辑。

12) 机器人过程仿真。
- 事件驱动的仿真。
- 详细的机器人编程。
- 控制器专用的指令识别。
- 布尔式和非布尔式信号交换。
- 机器臂逻辑编辑和验证。

13) 虚拟试车。
- 模型控制资源（传感器和受控设备）。
- 基于实际硬件的信号定义。
- 仿真内部资源逻辑（布尔式和模拟）。
- 把虚拟模型连接到实际 PLC 代码。
- 在 OPC 界面上用实际 PLC 代码和硬件来进行集成化仿真。

1.4　Process Simulate 的优点

Process Simulate 通过在早期检测和沟通产品设计问题，降低了变更成本。通过早期的虚拟验证，可以减少物理样机的数量，优化周期时间，确保人机工程的安全。使用标准工具和设施，可以降低成本。可以仿真多个制造场景，使生产风险最小化。也可以通过仿真验证机械化和电子化集成生产过程（PLC 和机器人）。在虚拟环境中验证生产试运行、模拟现实过程，可以提高过程质量。

第 2 章

建模与基础操作

2.1 教学目标

1）学会创建新的项目。
2）学会利用 Process Simulate 创建模型。
3）学会 Process Simulate 的基础操作。

2.2 工作任务

1）学会在 Process Simulate 中创建一个新项目。
2）创建简单的模型。
3）学会利用鼠标在界面进行一些基本操作。

2.3 实践操作

2.3.1 新项目的创建

Step1. 打开 Process Simulate 软件，界面如图 2-1 所示。

Step2. 选择 File→Disconnected Study→New Study 菜单命令来创建一个新项目，如图 2-2 所示。

Step3. 此时弹出新建项目对话框，单击 Create 按钮，完成新项目的创建，如图 2-3 所示。

2.3.2 建模

Step1. 创建好新项目后，选择 Modeling 菜单，然后将鼠标指针移至左边的 Object Tree 中，选中 Parts，Modeling（建模）界面如图 2-4 所示。

Step2. 选中 Parts 后，将鼠标指针移至工具栏中，单击 ※按钮，如图 2-5 所示。

Step3. 此时弹出对话框，选择 PartPrototype 后单击 OK 按钮，如图 2-6 所示。

第2章 建模与基础操作

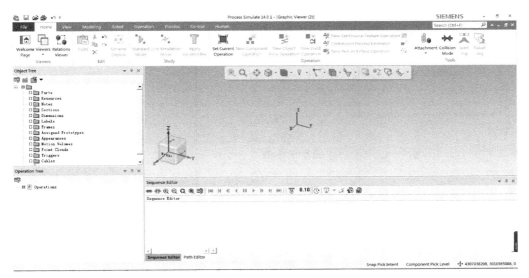

图 2-1 Process Simulate 软件界面

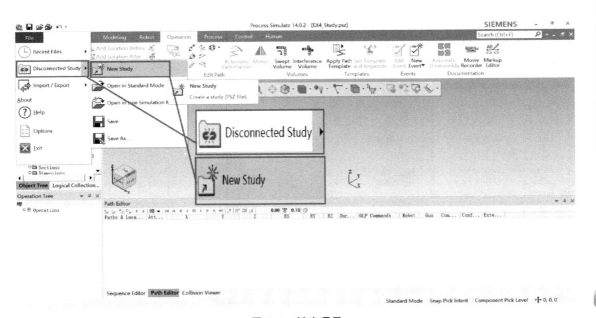

图 2-2 新建项目

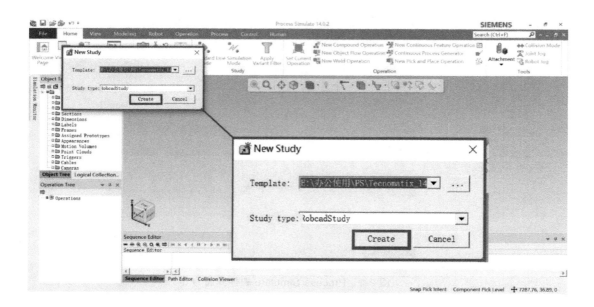

图 2-3　完成新项目创建

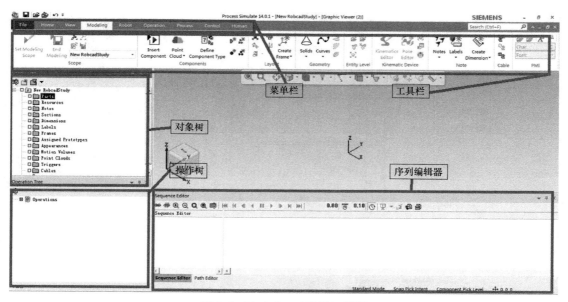

图 2-4　Modeling（建模）界面

第2章 建模与基础操作

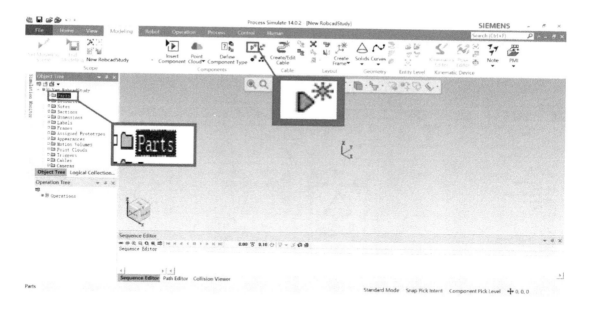

图 2-5　选择功能

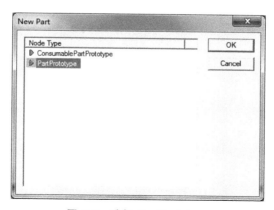

图 2-6　选择 PartPrototype

Step4. 在 Geometry 选项组中选择 Solids，如图 2-7 所示。

Step5. 在 Solids 下拉列表中可以看到有多种模型，如图 2-8 所示。

Step6. 根据自己的需求来选择 Solids 模型进行创建，选择 Box Creation 可创建一个正方体，正方体的大小可设定，设定完后单击 OK 按钮即可创建完成，界面如图 2-9 所示。

2.3.3　基础操作

使用鼠标对界面进行基本操作，包括如下几项：

1）长按鼠标左键可以拖选物体。
2）单击鼠标左键可以选择物体。
3）长按鼠标滚轮可以旋转界面视图。
4）滑动鼠标滚轮可以放大和缩小界面视图。

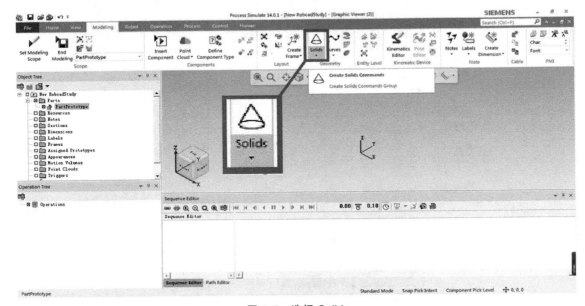

图 2-7　选择 Solids

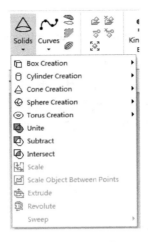

图 2-8　Solids 模型

第2章 建模与基础操作

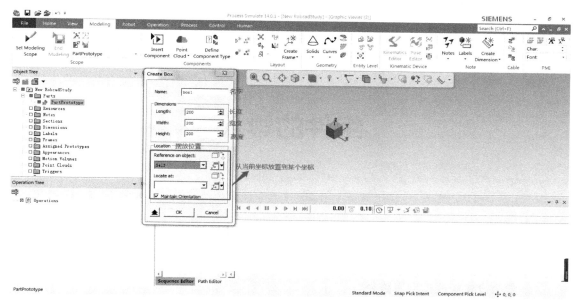

图 2-9 完成正方体模型创建

5) 单击鼠标右键可以弹出右键菜单。
6) 按住 Shift 键的同时按下鼠标的滚轮,可以使界面视图组件导入。

第3章 组件的导入

3.1 教学目标

1)学会设置修改模型库路径。
2)学会转换和插入 CAD 文件。
3)学会插入已转换完成的模型文件。
4)学会移动 Process Simulate 中的模型。

3.2 工作任务

1)学会设置模型库文件路径的操作。
2)按照实践操作导入 3D 模型。
3)插入 cojt 模型文件。
4)学会移动 3D 模型。
5)理解转换模型中的各个参数设置的作用。

3.3 实践操作

3.3.1 创建新项目

Step1. 打开 Process Simulate Standalone-eMServer compatible 软件,其快捷方式图标如图 3-1 所示。

图 3-1 软件快捷方式图标

Step2. 软件打开后，关闭弹出的初始化窗口，选择 File→Disconnected Study→New Study 菜单命令，新建一个项目，如图 3-2 所示。

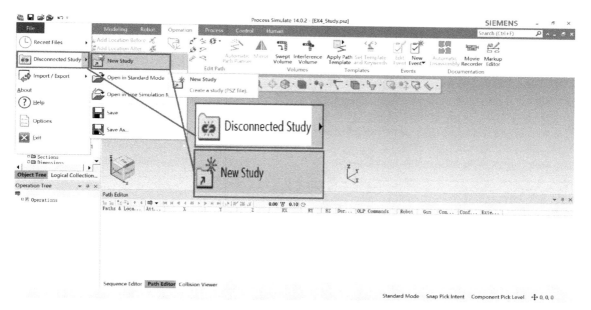

图 3-2　新建项目

Step3. 在弹出的对话框中不需做修改，直接单击 Create 按钮，如图 3-3 所示。

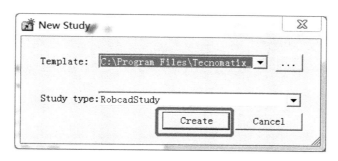

图 3-3　确定模板

Step4. 在弹出的对话框中单击"确定"按钮，则新项目创建完成，如图 3-4 所示。

图 3-4　完成新项目创建

3.3.2 设置模型库路径

Step1. 按 F6 键或者选择 File→Options 菜单命令,如图 3-5 所示。

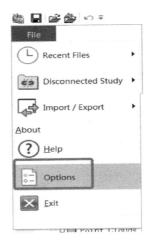

图 3-5 选择 File→Options 菜单命令

Step2. 在打开的对话框中切换到 Disconnected 选项卡,单击…按钮,在打开的对话框中选择所需文件存放位置,如图 3-6 所示。

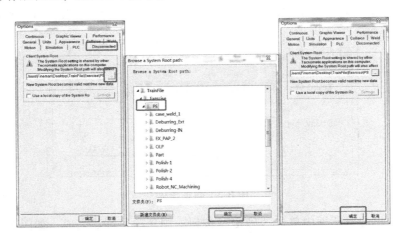

图 3-6 设置模型路径

3.3.3 转换并插入 CAD 文件

Step1. 选择 File→Import/Export→Convert and Insert CAD Files 菜单命令,如图 3-7 所示。

Step2. 此时弹出 Convert and Insert CAD Files 对话框,单击 Add... 按钮,如图 3-8 所示。

Step3. 选择需要导入的组件,如图 3-9 所示。

Step4. 定义组件,如图 3-10 所示。

第3章 组件的导入

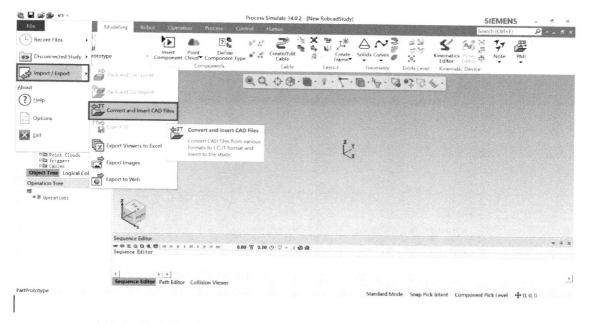

图 3-7 选择 File→Import/Export→Convert and Insert CAD Files 菜单命令

图 3-8 添加文件

图 3-9 选择组件

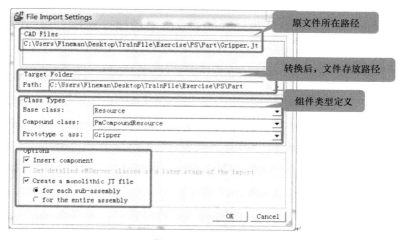

图 3-10 定义组件

Step5. 单击 OK 按钮，完成组件定义。返回 Convert and Insert CAD Files 对话框（可以一次性转换多种类型和文件），如图 3-11 所示。

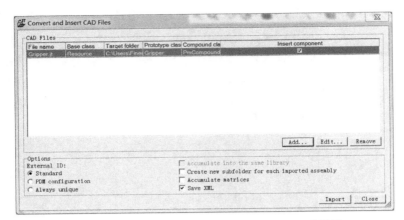

图 3-11　返回 Convert and Insert CAD Files 对话框

Step6. 单击 Add 按钮添加完成后，单击 Convert 按钮进行转换。转换完成后，会出现图 3-12 所示的提示，可确认转换是否成功，单击 Close 按钮关闭对话框。

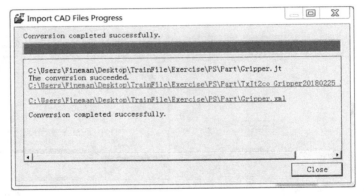

图 3-12　完成组件转换和插入提示对话框

Step7. 若在单击 Convert 按钮后出现的转换设置对话框中选择了 Insert（插入）选项，那么屏幕就会出现转换的组件。若没勾选 Insert（插入）选项则不会出现。而在存放文件的文件夹中会出现一个新的 .cojt 的文件，如图 3-13 所示。

Step8. 重复上述步骤，继续转换其他组件，其中 Product 组件需要两个，完成组件搭建，如图 3-14 所示。

Step9. 将鼠标指针移至菜单栏，单击 Insert Component 按钮，弹出 Insert Component 对话框，选择机器人的 .cojt 文件后单击"打开"按钮进行插入，如图 3-15 所示。

Step10. 选中机器人，单击图 3-16 中的 图标，在打开的对话框中将机器人向 x 轴移动 -200，单击 Close 按钮完成移动，如图 3-17 所示。

Step11. 组件导入与插入完毕后，单击 按钮进行保存，保存至刚刚导入组件的目录中，保存名称为 EX4_Study（注：组件名称中不可有中文，否则会导入失败）。

第3章 组件的导入

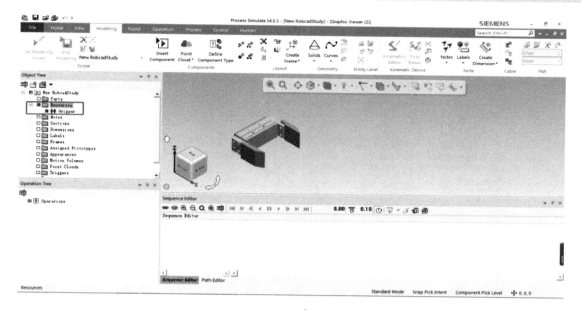

图 3-13 .cojt 文件

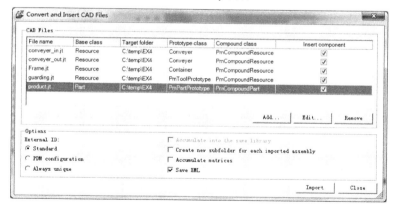

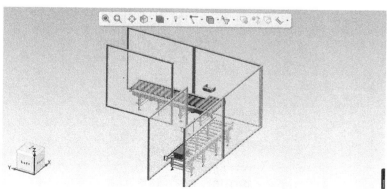

图 3-14 完成组件搭建

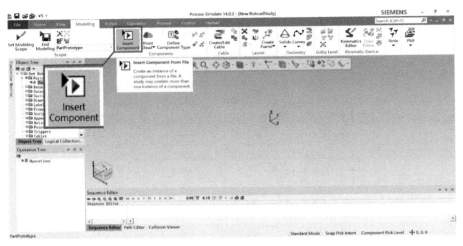

图 3-15　插入机器人

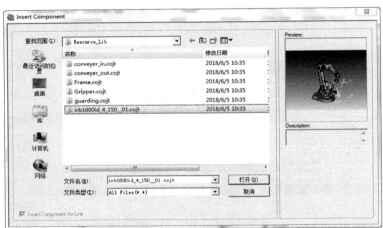

图 3-16　单击图标

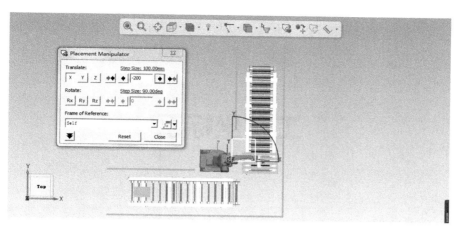

图 3-17 移动模型

第4章 工具坐标系

4.1 教学目标

1）学会打开一个历史项目。
2）巩固模型文件路径设置的方法。
3）学会显示与隐藏工作对象。
4）学会为工作对象设置编辑模式。
5）学会创建坐标。

4.2 工作任务

1）根据实践操作在 Process Simulate 中显示隐藏模型。
2）创建需要的坐标系。
3）利用设置编辑模式的方式压缩及解压工作对象。

4.3 实践操作

4.3.1 打开模型组件

Step1. 打开 Process Simulate Standalone-eMServer compatible 软件，其快捷方式图标如图 4-1 所示。

图 4-1 软件快捷方式图标

第4章　工具坐标系

Step2. 软件打开后，关闭弹出的初始化窗口，选择 File→Disconnected Study→Open in Standard Mode 菜单命令，以标准模型打开项目，如图 4-2 所示。

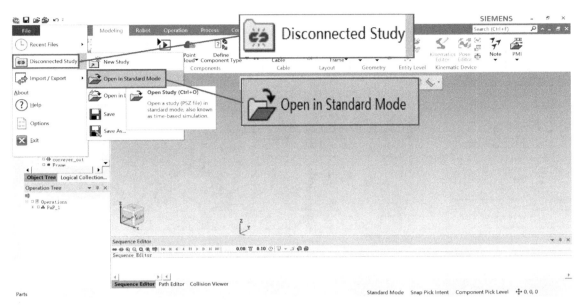

图 4-2　以标准模型打开项目

Step3. 此时弹出对话框，找到并选择 EX4_Study 文件，然后单击打开按钮，如图 4-3 所示。

Step4. 打开文件之前要确保存储路径在目录文件夹中，如果不在，则需要修改后重新打开。设置模型路径如图 4-4 所示。

图 4-3　打开项目

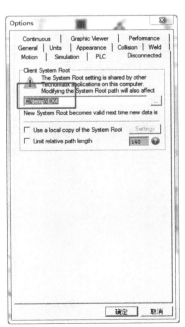

图 4-4　设置模型路径

4.3.2　显示与隐藏工具

在 Object Tree 中选中工具 Gripper，单击鼠标右键，选择 Display Only 命令，可仅显示此工具，如图 4-5 所示。

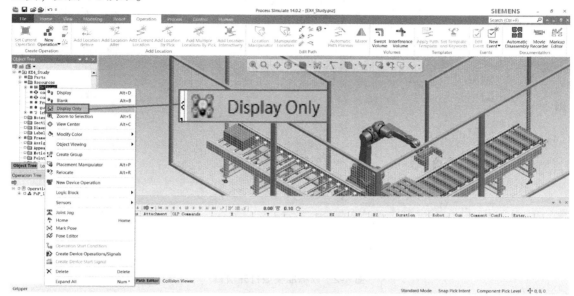

图 4-5　显示功能

4.3.3　设置编辑模式

选择 Modeling→Set Modeling Scope 菜单命令，Object Tree 中的 Gripper 图标左下角出现红色标志，表示已经进入可编辑模式，如图 4-6 所示。

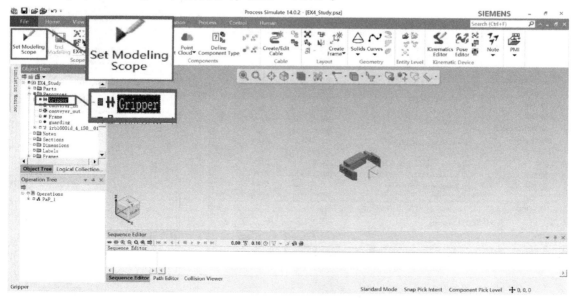

图 4-6　进入编辑模式

第4章 工具坐标系

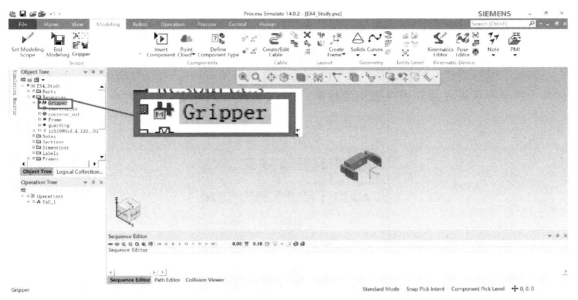

图4-6 进入编辑模式(续)

4.3.4 创建坐标系

Step1. 选择 Modeling→Create Frame→Frame by 6 values 菜单命令(即六点法),添加坐标系,如图4-7所示。

Step2. 选择六点法后,在弹出的对话框中输入图4-8所示的数值后单击 OK 按钮。

Step3. 若不知道数值,可以以模型形状来观察需要通过什么标点法来创建,这里通过 Frame between 2 points(即两点法)来创建坐标系,如图4-9所示。

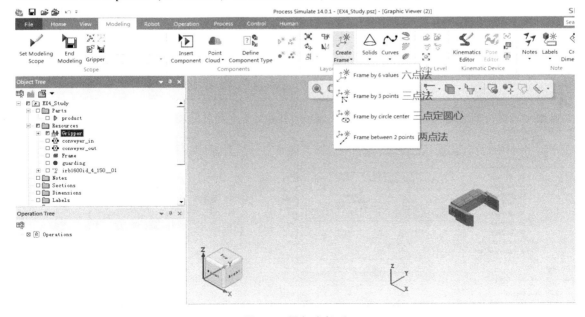

图4-7 添加坐标系

Step4. 此时发现创建的坐标系与需要的坐标系方向不一致，需要通过移动坐标系的方式来修改。使用鼠标右键单击坐标系，选择 Placement Manipulator 命令，或者使用鼠标左键选中坐标系后按 Alt+P 组合键，如图 4-10 所示。

Step5. 回到创建好的坐标系，在 Object Tree 中展开 Gripper，可以发现多了一个 fr1 的坐标系，将坐标系更名为 G_T（选中坐标系，按 F2 键改名），如图 4-11 所示。

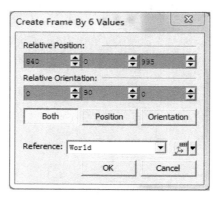

图 4-8　确定参数

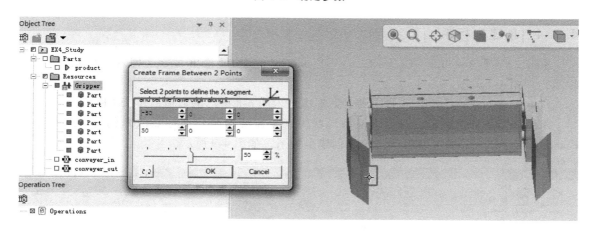

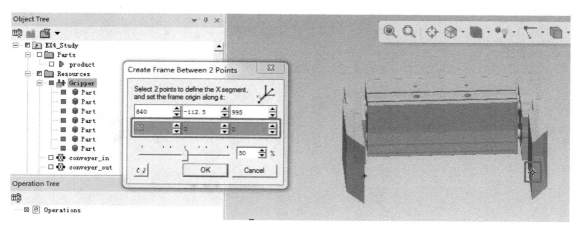

图 4-9　创建坐标系

第4章　工具坐标系

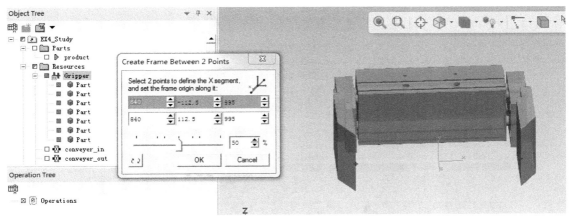

图 4-9　创建坐标系（续）

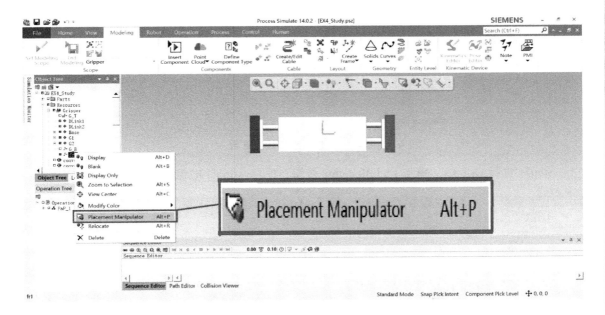

图 4-10　移动坐标系

图 4-11　坐标系更名

023

Step6. 再创建一个坐标系，更名为 G_B，如图 4-12 所示。

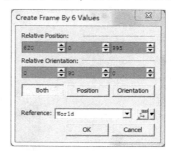

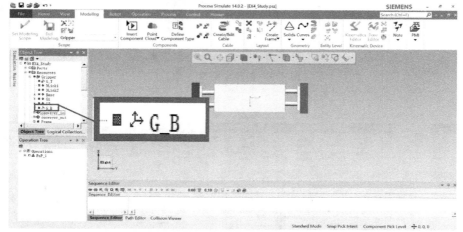

图 4-12　创建坐标系并更名

Step7. 选择 Gripper，单击 End Modeling 按钮，保存 Gripper 的模型参数，如图 4-13 所示。

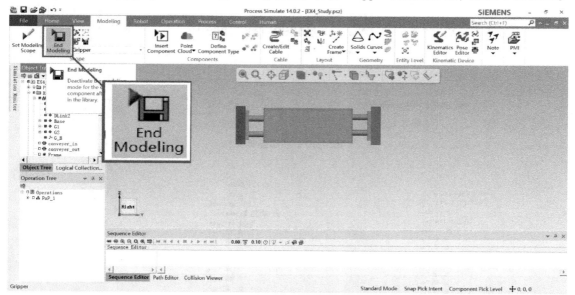

图 4-13　保存模型参数

Step8. 工具坐标系创建完毕后，单击 ![save] 按钮进行保存。

第 5 章

工具属性及运动学

5.1 教学目标

1）学会定义工具。
2）学会设置工具运动学参数。
3）学会编辑工具姿态。
4）学会将工具装夹到机器人上。

5.2 工作任务

1）定义工具。
2）设置工具运动学参数。
3）编辑工具姿态。
4）工具装夹。

5.3 实践操作

5.3.1 打开模型组件

Step1. 打开 Process Simulate Standalone-eMServer compatible 软件，其快捷方式图标如图 5-1 所示。

图 5-1 软件快捷方式图标

Step2. 软件打开后，关闭弹出的初始化窗口，选择 File→Disconnected Study→Open in Standard Mode 菜单命令，以标准模式打开项目，如图 5-2 所示。

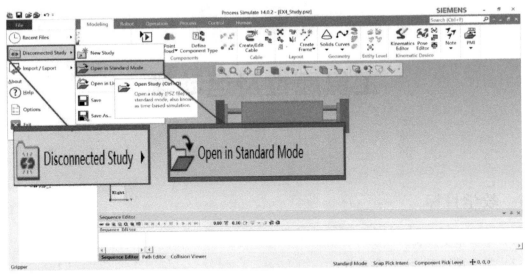

图 5-2　以标准模式打开项目

Step3. 此时弹出"打开"对话框，找到并选择 EX4_Study 文件，然后单击"打开"按钮，如图 5-3 所示。

Step4. 打开文件之前要确保存储路径在目录文件夹中，如果不在，则需要修改后重新打开。设置模型路径如图 5-4 所示。

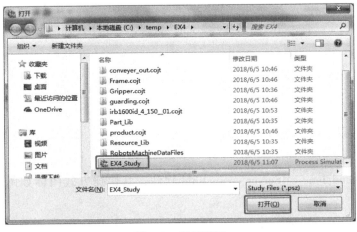

图 5-3　打开项目

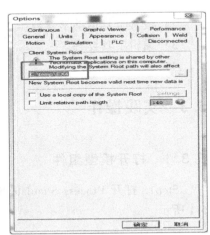

图 5-4　设置模型路径

5.3.2　定义工具

Step1. 在 Object Tree 中选中工具 Gripper，选择 Modeling→Set Modeling Scope 菜单命令，将工具设置为可编辑状态，选择 Modeling→Kinematic Device→Tool Definition 菜单命令，如图 5-5 所示。

第5章　工具属性及运动学

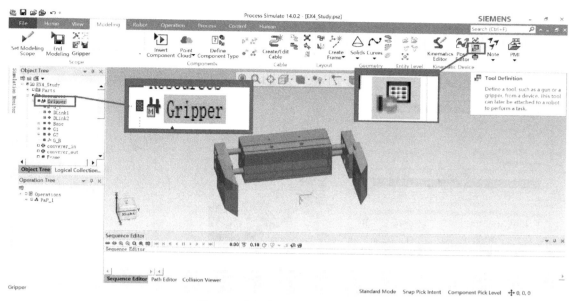

图 5-5　选择定义工具的菜单命令

Step2. 此时出现 Tool Definition 对话框，单击"确定"按钮，进入 Tool Definition-Gripper 对话框，如图 5-6 所示。

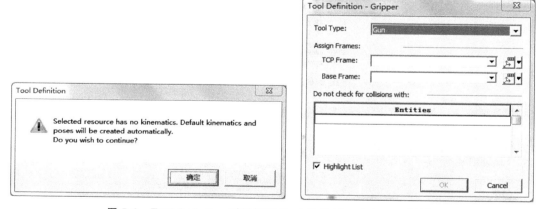

图 5-6　Tool Definition 对话框和 Tool Definition-Gripper 对话框

Step3. 定义 Gripper 属性，如图 5-7 所示。

Step4. 单击 OK 按钮后，Object Tree 中的 Gripper 下拉菜单出现了变化，表示已经定义成功，如图 5-8 所示。

5.3.3　设置运动学参数

Step1. 在 Object Tree 中选中 Gripper，然后选择 Modeling→Kinematics Editor 菜单命令，打开 Kinematics Editor-Gripper 对话框，如图 5-9 所示。

Step2. 单击 Kinematics Editor-Gripper 对话框左上角的图标，新建链接，如图 5-10 所示。

数字化工艺仿真（下册）

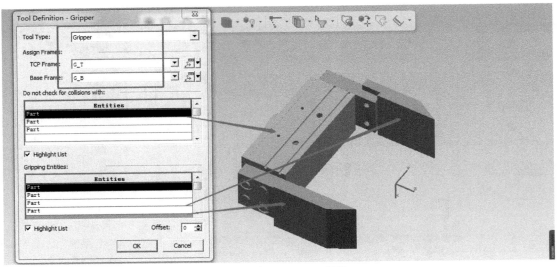

图 5-7　定义 Gripper 属性

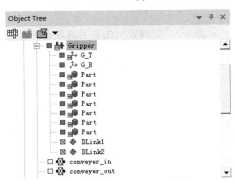

图 5-8　Gripper 定义成功

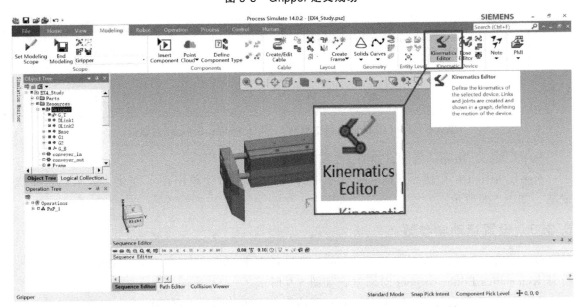

图 5-9　通过选择菜单命令打开 Kinematics Editor-Gripper 对话框

第5章　工具属性及运动学

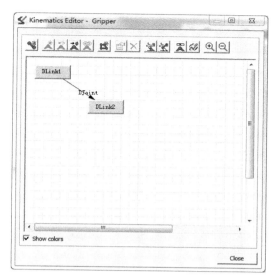

图 5-9　通过选择菜单命令打开 Kinematics Editor-Gripper 对话框（续）

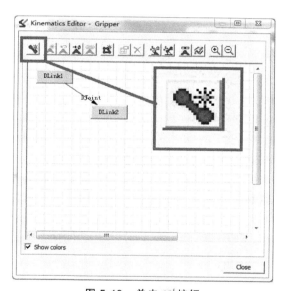

图 5-10　单击 按钮

Step3. 在 Link Properties 对话框中，创建链接模块，如图 5-11 所示。

Step4. 继续创建链接模块，将图形中两边的夹头分别建立成不同的模块，分别取名为 Base、G1、G2，如图 5-12 所示。

Step5. 选中 Base 模块，按住鼠标左键不放，鼠标指针所到之处会出现一条线，如图 5-13 所示。

Step6. 将鼠标指针移动到 G1 模块上，弹出 Joint Properties 对话框，对对话框中的参数进行调整。输入两个坐标的数值，定义移动方向。在 Joint type 选项中，Revolute 选项为旋转，Prismatic 选项为平移。具体参数设置如图 5-14 所示。

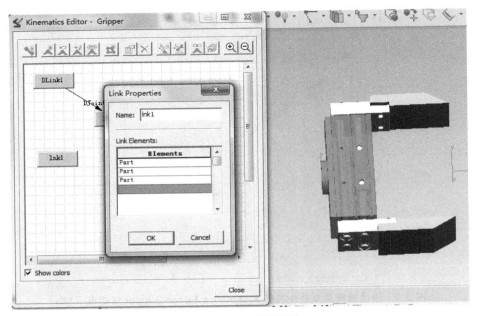

图 5-11 创建链接模块

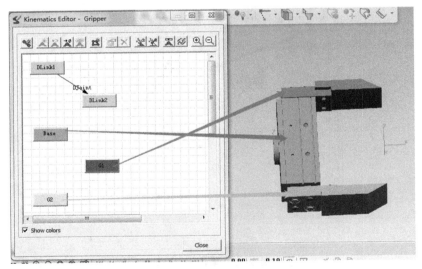

图 5-12 继续创建链接模块

Step7. 重复操作，完成链接的建立，如图 5-15 所示。

Step8. 当不知道运动学方向坐标该设置为多少时，可以通过单击模型上的相对点进行确定，按图 5-16 所示的步骤来进行。

5.3.4 编辑工具姿态

Step1. 要定义 Gripper 张开的姿态，可在 Object Tree 中选中 Gripper 工具，然后选择 Modeling→Pose Editor 菜单命令，弹出 Pose Editor-Gripper 对话框，选中 OPEN 选项，然后单击 Edit... 按钮，如图 5-17 所示。

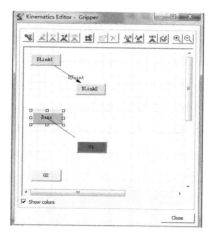

图 5-13　建立链接

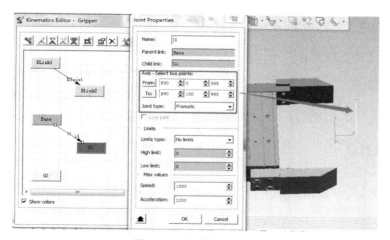

图 5-14　定义移动方向

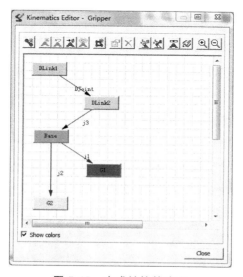

图 5-15　完成链接的建立

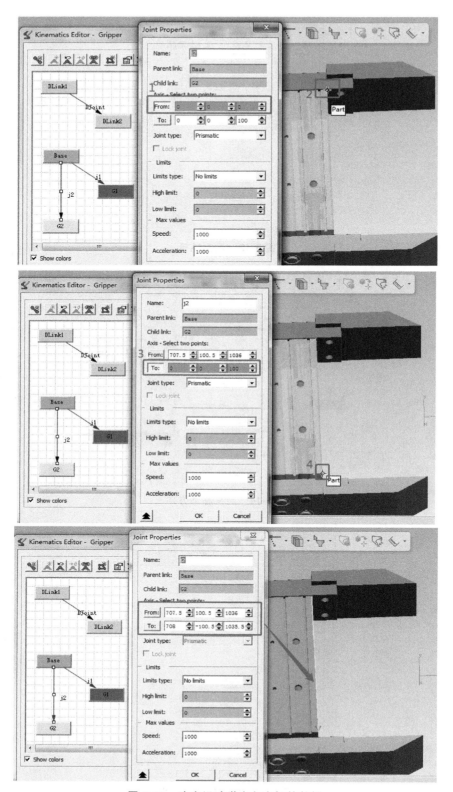

图 5-16 确定运动学方向坐标的数据

第5章 工具属性及运动学

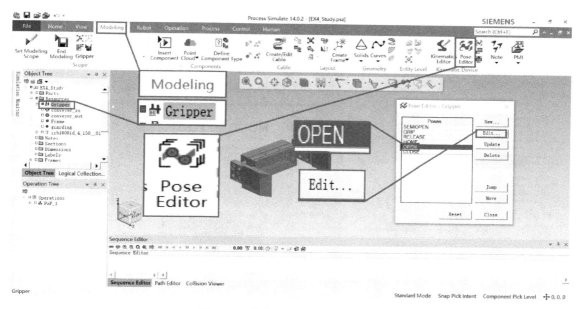

图 5-17 定义 Gripper 张开的姿态

Step2. 分别编辑 j1 和 j2 的姿态数值，定义姿态名称为 OPEN，单击 OK 按钮，如图 5-18 所示。

Step3. 若需要切换回闭合状态，在 Pose Editor-Gripper 对话框中双击 HOME，或选择 HOME 后，单击 Jump 按钮，就可回到闭合状态，如图 5-19 所示。

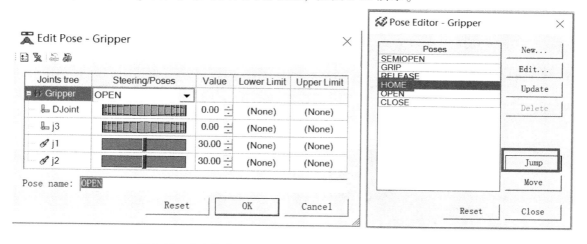

图 5-18 定义姿态　　　　　　　　　图 5-19 切换回闭合状态

5.3.5 装夹工具

Step1. 选中机器人 irb1600id_4_150_01，然后单击鼠标右键，选择 Display 命令，使机器人显示出来。再选择机器人，单击鼠标右键，选择 Mount Tool 命令。此时的操作界面如图 5-20 所示。

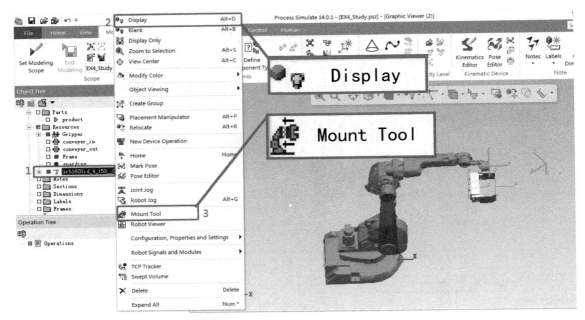

图 5-20 操作界面

Step2. 此时出现 Mount Tool-Robot irb1600id_4_150_01 对话框，在 Tool 选项中选择 Gripper，在 Frame 选项中选择 G_B，单击 Apply 按钮，如图 5-21 所示。

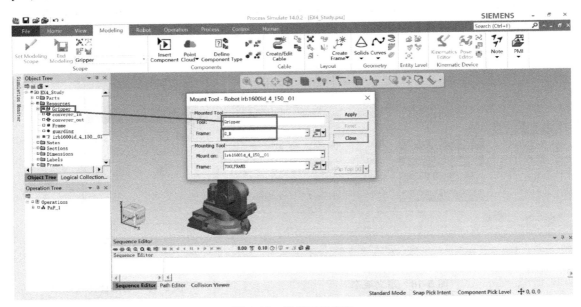

图 5-21 设置工具参数

Step3. 要将机器人的工具坐标附到工具的工具坐标上，可把机器人设置为可编辑状态，若弹出对话框，单击确定按钮，如图 5-22 所示。

Step4. 机器人进入可编辑状态后，展开机器人信息，找到 TCPF 的坐标，如图 5-23 所示。

第5章 工具属性及运动学

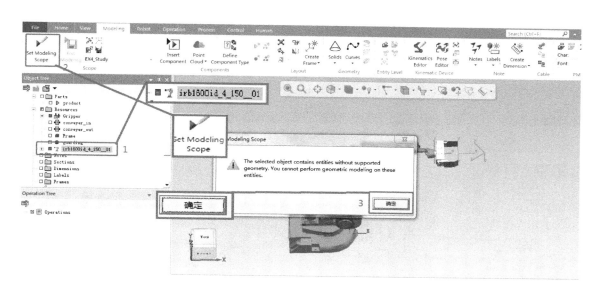

图 5-22 完成工具安装

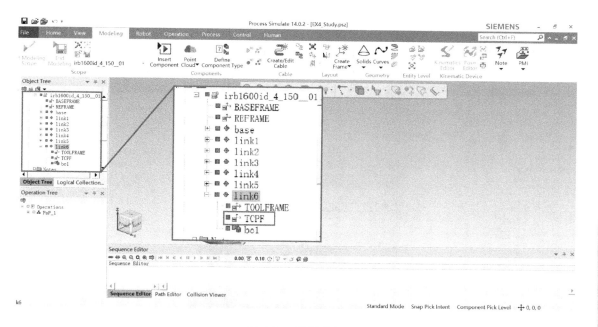

图 5-23 选择坐标

Step5. 使用鼠标右键单击 TCPF，弹出快捷菜单，选择 Relocate 命令，如图 5-24 所示。

Step6. 弹出 Relocate 对话框后，在 To frame 选项中选择工具的 G_T 坐标，然后单击 Apply 按钮完成操作，单击 Close 按钮退出，如图 5-25 所示。

Step7. 完成 Relocate 参数设置后选择机器人，执行 End Modeling 命令使机器人退出编辑状态，并保存模型参数，如图 5-26 所示。

Step8. 选择机器人，单击鼠标右键，选择 Robot Jog 命令，测试工具是否已经连接上，如图 5-27 所示。

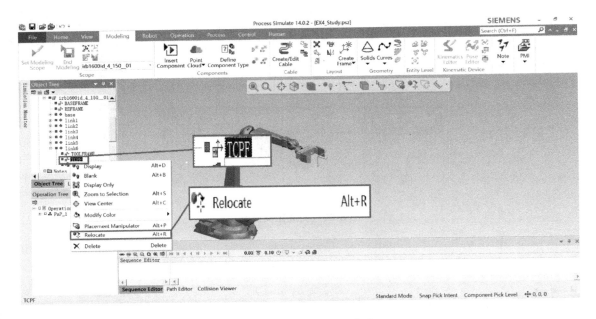

图 5-24 选择 Relocate 命令

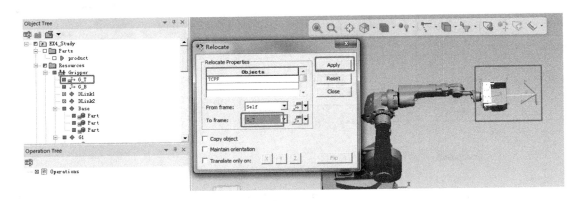

图 5-25 设置 Relocate 参数

第5章 工具属性及运动学

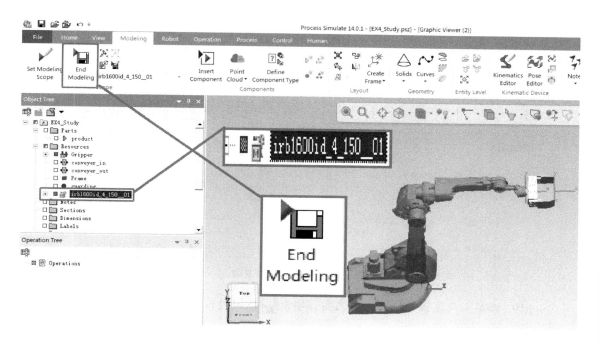

图 5-26 保存模型参数

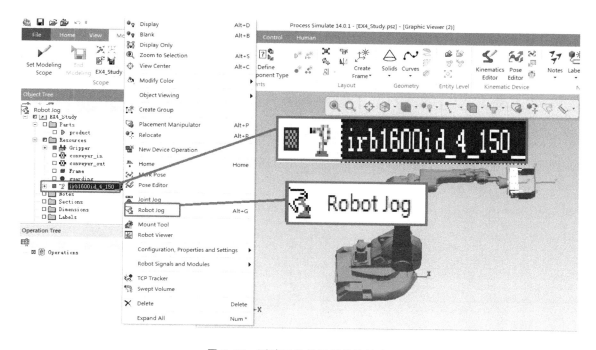

图 5-27 测试工具是否已经连接上

Step9. 随意拖动出现的坐标系，观察工具是否随着机器人一起运动。测试完成后，单击 Reset 按钮复位，如图 5-28 所示。

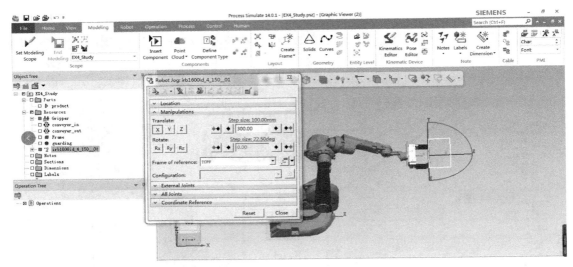

图 5-28　完成测试后复位

Step10. 确定工具连接在机器人上之后，单击 按钮进行保存。

第 6 章

产品运动仿真操作

6.1 教学目标

1) 巩固显示、隐藏模型及创建坐标系的方法。
2) 学会创建产品运动仿真操作。

6.2 工作任务

1) 打开模型组件。
2) 隐藏/显示模型。
3) 创建坐标系。
4) 创建产品运动操作。

6.3 实践操作

6.3.1 打开模型组件

Step1. 打开 Process Simulate Standalone-eMServer compatible 软件, 其快捷方式图标如图 6-1 所示。

图 6-1 软件快捷方式图标

Step2. 软件打开后, 关闭弹出的初始化窗口, 选择 File→Disconnected Study→Open in Standard Mode 菜单命令, 以标准模型打开项目, 如图 6-2 所示。

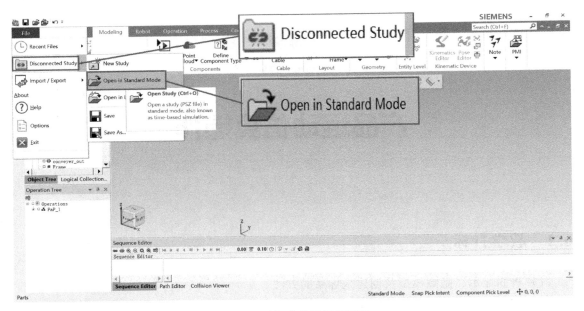

图 6-2 以标准模型打开项目

Step3. 此时弹出"打开"对话框，找到并选择 EX4_Study 文件，然后单击"打开"按钮，如图 6-3 所示。

Step4. 打开文件之前要确保存储路径在目录文件夹中，如果不在，则需要修改后重新打开。设置模型路径如图 6-4 所示。

图 6-3 打开项目

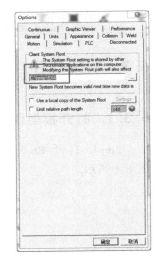

图 6-4 设置模型路径

6.3.2 隐藏/显示模型

打开模型后，单击 Object Tree 中项目名称前的图标，单击一次全部隐藏，再单击一次全部显示，如图 6-5 所示。

图 6-5 隐藏/显示模型

6.3.3 创建坐标

Step1. 物体运动的路径如图 6-6 所示。

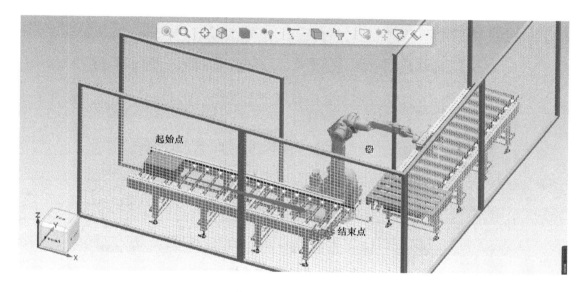

图 6-6 物体运动路径

Step2. 定义物体的起始坐标系与到达坐标系,在 Object Tree 中选中 conveyer_in,将其转换为可编辑状态(选择 Modeling→Set Modeling Scope),添加两个坐标系,并确定坐标系参数,如图 6-7 所示。

Step3. 创建好坐标系后,分别把创建好的坐标系名称 fr1、fr2 改为 in_Start、in_End,如图 6-8 所示。

6.3.4 创建产品运动操作

Step1. 在菜单栏选择 Operation→New Operation→New Compound Operation 命令,弹出 New Compound Operation 对话框,将名称改为 PaP_1,然后单击 OK 按钮完成创建,建立一个群组将运动动作放在一起,如图 6-9 所示。

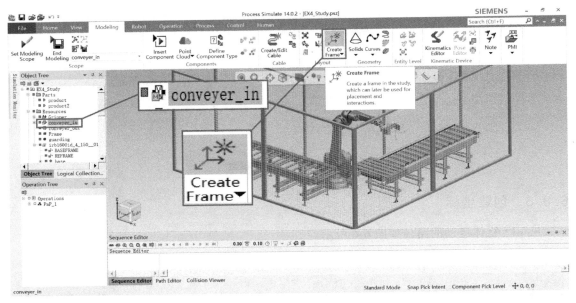

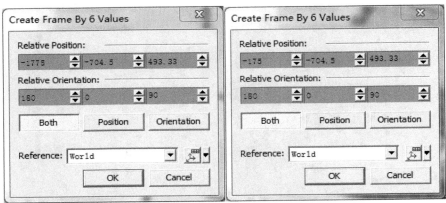

图 6-7　确定坐标系参数

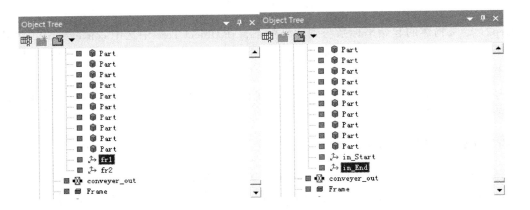

图 6-8　坐标系更名

第6章 产品运动仿真操作

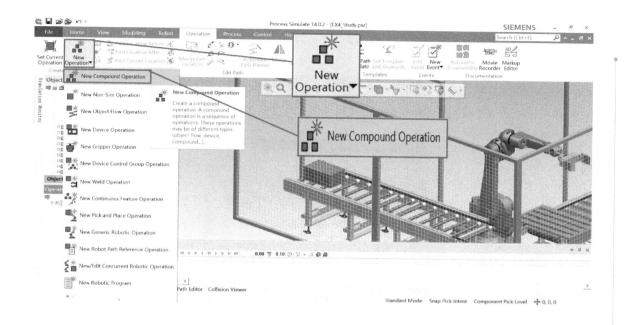

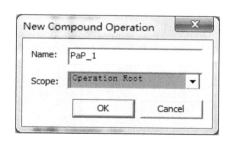

图 6-9 新建复合操作

Step2. 在 Object Tree 中选中 product，单击鼠标右键，选择 New Object Flow Operation 命令，或者在菜单栏中选择 Operation→New Operation→New Object Flow Operation 菜单命令，如图 6-10 所示。

Step3. 此时弹出 New Object Flow Operation 对话框，选择合适的坐标系，单击 OK 按钮完成运动的建立，Duration 为运动时间，如图 6-11 所示。

Step4. 单击刚刚建立的程序，将其拖动到 PaP_1 程序组群内，如图 6-12 所示。

Step5. 此时可以尝试进行运动模拟，选中程序段，单击鼠标右键，选择 Set Current Operation 命令，如图 6-13 所示。

Step6. 此时在 Sequence Editor 的菜单栏中出现程序段，然后单击播放键，观看模拟情况，Sequence Editor 操作页面如图 6-14 所示。

数字化工艺仿真（下册）

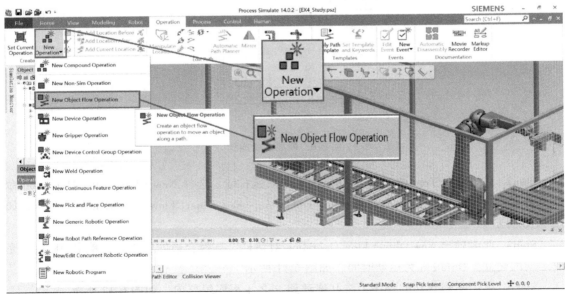

图 6-10　新建对象流操作

第6章 产品运动仿真操作

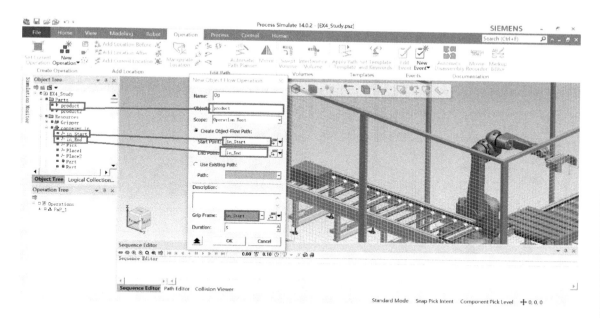

图 6-11 参数设置

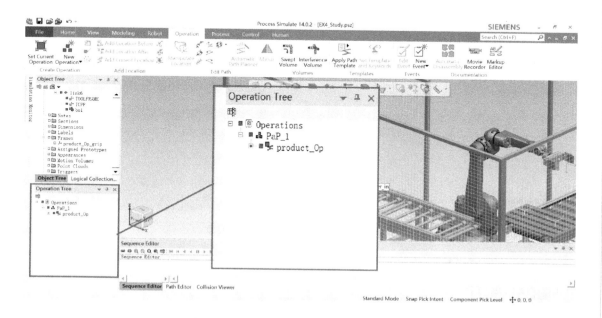

图 6-12 将程序拖动到 PaP_1 程序组群

数字化工艺仿真（下册）

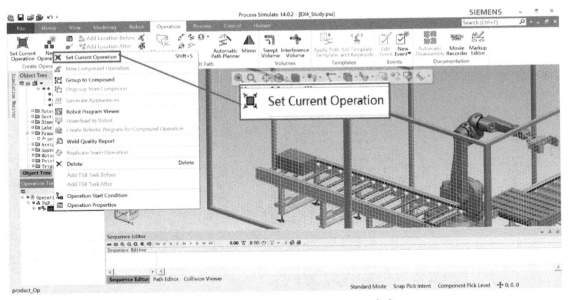

图 6-13　选择 Set Current Operation 命令

▶ ：播放。

▷ ：点动播放。

▶| ：快进到点的播放。

▶▶| ：快进至结束点。

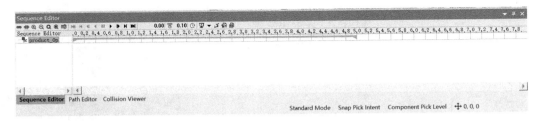

图 6-14　Sequence Editor 操作页面

Step7. 播放完模型运动后（注：每播放完一次都要单击 |◀◀ 按钮回到模型初始状态），单击 🖫 按钮进行保存。

046

第 7 章

简单拾取和放置

7.1 教学目标

1）学会创建机器人拾取操作。
2）学会排布仿真顺序。
3）学会优化路径。
4）学会使用 OLP 命令。

7.2 工作任务

1）打开模型组件。
2）创建坐标系。
3）创建机器人拾取操作。
4）仿真时序排布。
5）路径优化。
6）创建输出坐标系及仿真。
7）使用 OLP 命令。

7.3 实践操作

7.3.1 打开模型组件

Step1. 打开 Process Simulate Standalone-eMServer compatible 软件，其快捷方式图标如图 7-1 所示。

Step2. 软件打开后，关闭弹出的初始化窗口，选择 File→Disconnected Study→Open in Standard Mode 菜单命令，以标准模式打开项目，如图 7-2 所示。

Step3. 此时弹出打开对话框，找到并选择 EX4_Study 文件，然后单击打开按钮，如图 7-3 所示。

图 7-1 软件快捷方式图标

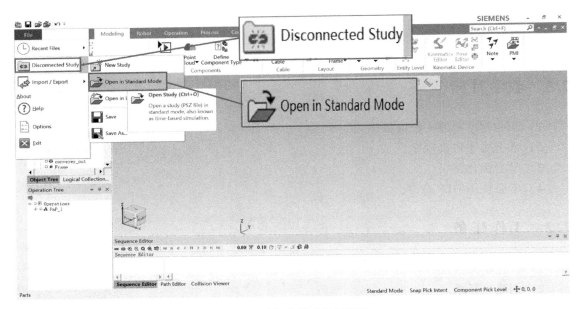

图 7-2 以标准模式打开项目

图 7-3 打开项目

Step4. 打开文件之前要确保存储路径在目录文件夹中，如果不在，需要修改后重新打开。设置模型路径如图 7-4 所示。

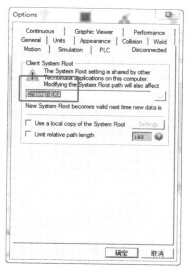

图 7-4 设置模型路径

7.3.2 创建坐标系

定义拾取与放置的坐标系，选中 conveyer_in，将其转换为可编辑状态（Modeling→Set Modeling Scope），添加以下 3 个坐标系，分别命名为 Pick、Place1、Place2，参数设置如图 7-5 所示。

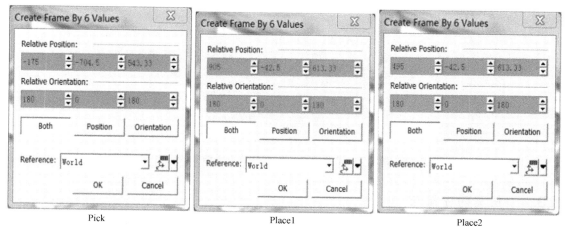

图 7-5 设置机器人拾取与放置坐标系参数

7.3.3 创建机器人拾取操作

Step1. 选中机器人，选择 Operation→New Operation→New Pick and Place Operation 菜单命令，如图 7-6 所示。

数字化工艺仿真（下册）

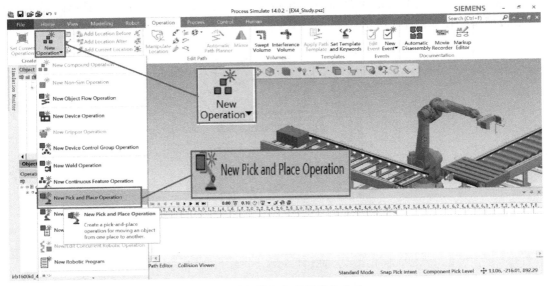

图 7-6　选择拾取与放置操作命令

　　Step2. 在弹出的 New Pick and Place Operation 对话框中选择相应的工具和坐标，参数设置完成后单击 OK 按钮，如图 7-7 所示。

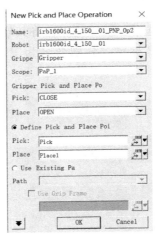

图 7-7　设置机器人拾取与放置操作参数

7.3.4　仿真时序排布

　　将新建的 Pick and Place Operation 程序放入群组中，在 Sequence Editor 中可以看到两个程序。选中第一个程序，按住鼠标左键将其拖动至第二个程序上，使两个程序按先后顺序排好，如图 7-8 所示。

7.3.5　路径优化

　　Step1. 单击播放按键，观察模拟情况，发现多处发生碰撞，对拾取和放置操作进行优化,在 Operation Tree 中选中 Pick 点,在菜单栏中选择 Operation→Add Location Before 命令,如图 7-9 所示。

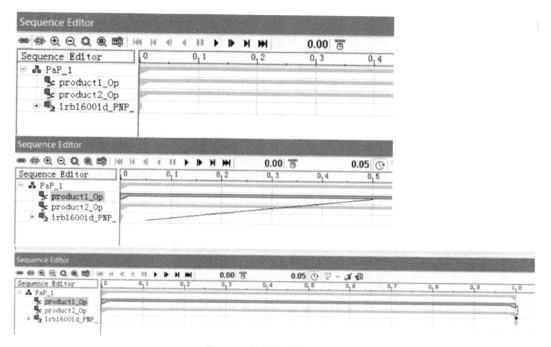

图 7-8 编辑程序执行顺序

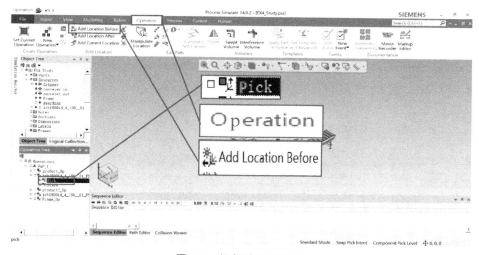

图 7-9 添加拾取过渡点

Step2. 如图 7-10 所示,机器人处于 Pick 点的状态,并出现 Robot Jog:irb1600id_4_150_01 对话框。在对话框的 Translate 选项中选择 Z,然后通过单击左右箭头调整数值,也可以直接输入数值,以此调整位置,完成设置后单击 Close 按钮。

Step3. 重复操作,在 Pick 点后添加一个点,在 Place 点前后各添加一个点(添加完成后,机器人处于运动点处,可以按 Home 键使其回到原位)。再次进行模拟运行,观察操作。

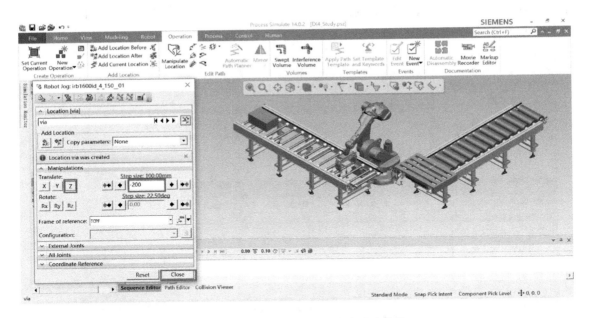

图 7-10　设置机器人拾取过渡点姿态参数

Step4. 重复操作，将第二个零件放置到 Place2 点。完成 Place2 点的放置后，按 Home 键，机器人返回原位，然后在 Operation Tree 中选择最后一个坐标点，选择 Operation→Add Current Location 菜单命令，如图 7-11 所示。

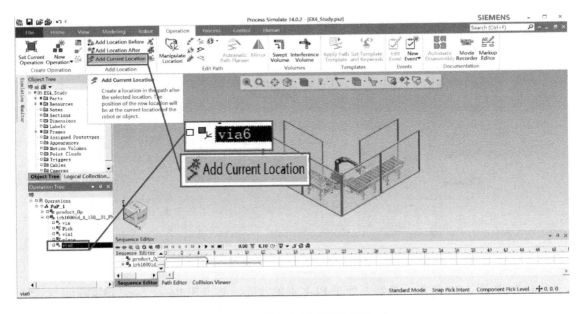

图 7-11　添加机器人原点姿态

Step5. 调整程序进程，避免发生碰撞。可双击连接程序的黑色箭头，在弹出的对话框中调整程序间隔时间，如图 7-12 所示。

第7章　简单拾取和放置

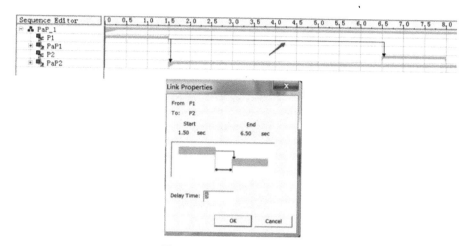

图 7-12　调整程序间隔时间

7.3.6　创建输出坐标系及仿真

Step1. 定义产品移动的动作，先定义产品的起始坐标系与到达坐标系。选中 conveyer_out，将其转换为可编辑状态（Modeling→Set Modeling Scope），添加以下两个坐标系，分别命名为 out_start、out_end，如图 7-13 所示。

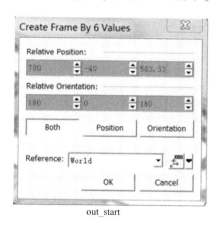
out_start

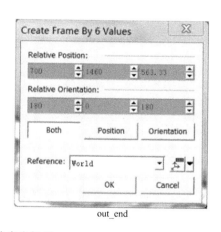
out_end

图 7-13　创建输出坐标系

Step2. 选中木架 Frame，选择 Operation→New Operation→New Object Flow Operation 选项，如图 7-14 所示。

Step3. 此时弹出 New Object Flow Operation 对话框，从中设置参数，参数设置完成后单击 OK 按钮，Duration 为运动时间，如图 7-15 所示。

Step4. 单击刚刚建立的程序，将其拖动到 PaP_1 程序组群内，如图 7-16 所示。

Step5. 在 Sequence Editor 中调整程序段位置，运行模拟程序，发现产品并没有跟着木架一起运动。此时就在 Operation Tree 中选择 PaP2 程序段，将其添加进 Path Editor 中，如图 7-17 所示。

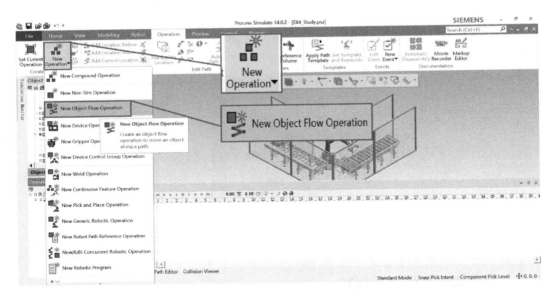

图 7-14 选择新建对象流操作命令

图 7-15 设置起始停止路径参数

7.3.7 使用 OLP 命令

Step1. 选中 via8 点（即第二个工件放下后的点），在 via8 所在的行中选择 OLP Commands 单元格，如图 7-18 所示。

Step2. 单击 Add 按钮，选择 Standard Commands→PartHandling→Attach 选项，如图 7-19 所示。

Step3. 将产品依附在木架上，或者说是粘在木架上，物体附加参数如图 7-20 所示。

Step4. 再次回到 Sequence Editor，运行模拟，运行结果如图 7-21 所示。

第7章 简单拾取和放置

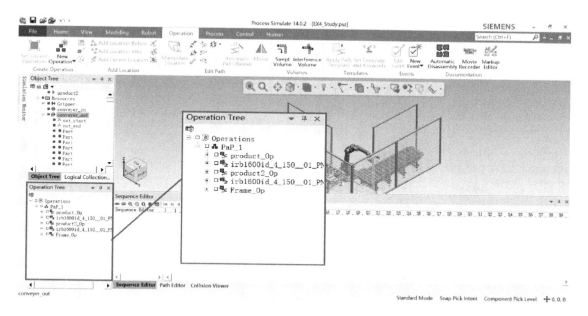

图 7-16 将刚建立的程序拖动到 PaP_1 程序组群

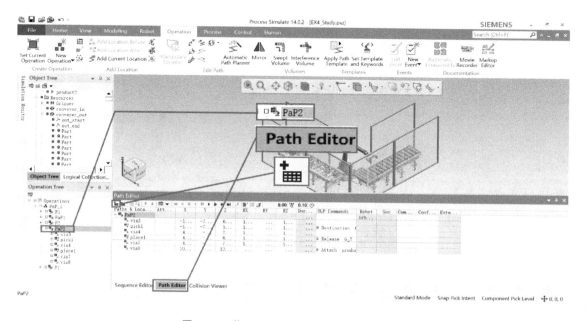

图 7-17 将 PaP2 程序段加入 Path Editor

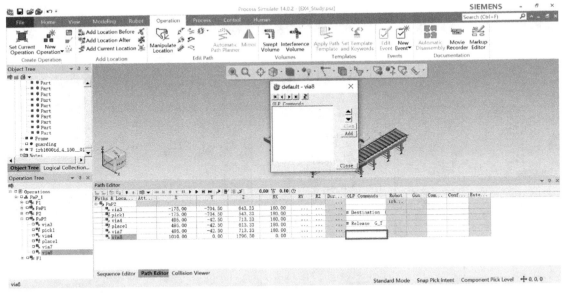

图 7-18　选中 via8 所在行的 OLP Commands 单元格

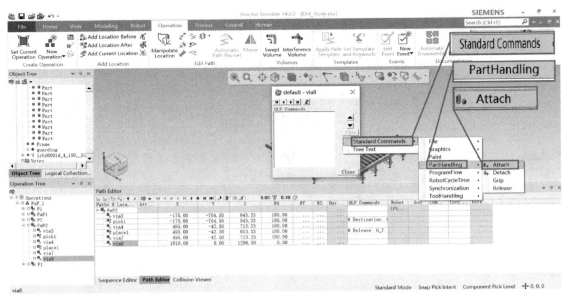

图 7-19　选择物体附加选项

第7章 简单拾取和放置

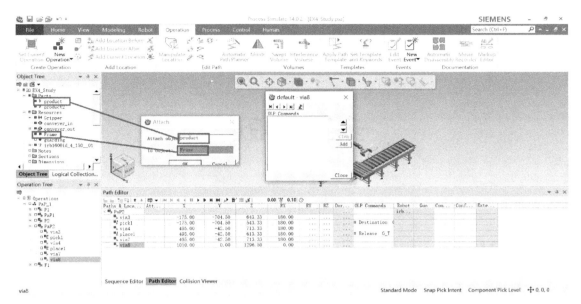

图 7-20　确定物体附加参数

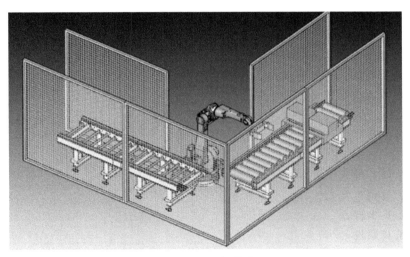

图 7-21　运行结果

Step5. 播放完模型运动后（注：每播放完一次都要按 ⏮ 按钮，回到模型初始状态），单击 💾 按钮保存好项目。

第 8 章

多工位搬运

8.1 教学目标

1）巩固连接工具到机器人。
2）学会添加工具坐标。
3）巩固定义工具属性、工具动作。
4）学会定义工具拾取对象。
5）学会定义当前机器人工具坐标系。
6）学会创建机器人的拾取坐标系、夹取仿真操作。
7）学会优化机器人拾取仿真操作。
8）巩固物体运动操作。

8.2 工作任务

1）创建组件并导入文件。
2）连接工具到机器人。
3）添加工具坐标系。
4）定义工具属性。
5）定义工具动作。
6）定义工具拾取对象。
7）定义当前机器人工具坐标系。
8）定义运动状态。
9）创建 R1 机器人的拾取坐标系。
10）拾取程序的优化。
11）定义 R1 机器人拾取产品的放置。
12）放置程序的优化。
13）定义产品至第二个工作点的动作。
14）定义 R2 机器人的动作。
15）定义产品移动至末端动作。

16）保存。

8.3 实践操作

8.3.1 创建组件并导入文件

Step1. 打开软件 Process Simulate，设置模型路径（选择 File→Options 菜单命令或者按 F6 键），如图 8-1 所示。

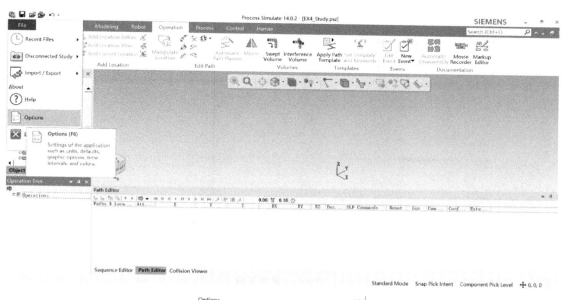

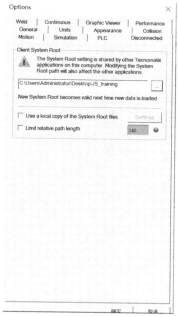

图 8-1 设置模型路径

Step2. 创建一个新的项目（选择 File→Disconnectedy Study→New Study 选项），弹出 New Study 对话框，单击 Create 按钮，如图 8-2 所示。

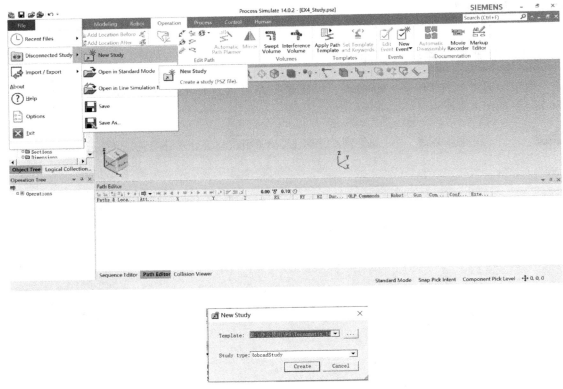

图 8-2 新建项目

Step3. 选择 File→Import/Export→Convert and Insert CAD Files 菜单命令，如图 8-3 所示。

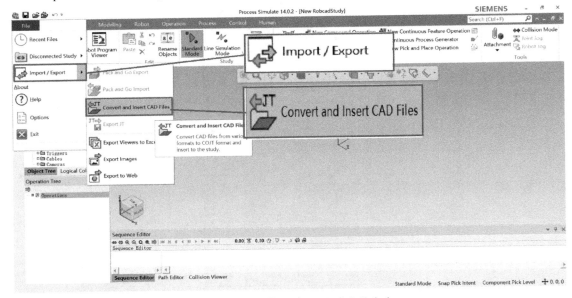

图 8-3 选择转换并插入 CAD 文件命令

Step4. 此时弹出 Convert and Insert CAD Files 对话框，单击 Add 按钮，如图 8-4 所示。

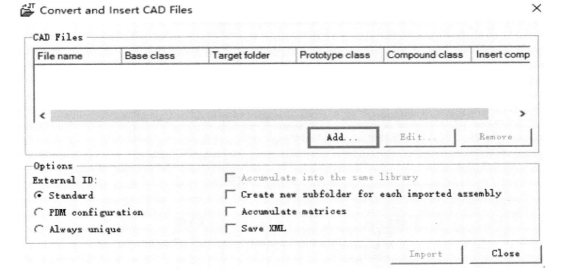

图 8-4　CAD 文件导入

Step5. 选择需要导入的文件，如图 8-5 所示。

图 8-5　选择需要导入的文件

Step6. 单击"打开"按钮完成文件导入，返回文件导入页面（图 8-4）。再次单击 Add... 按钮，继续添加文件，如图 8-6 所示。

Step7. 定义导入进来的文件类型，如图 8-7 所示。

Step8. 设置完成后单击 Import 按钮进行文件类型转换。转换完成后，会出现图 8-8 提示对话框，可确认转换是否成功。单击 Close 按钮关闭对话框。

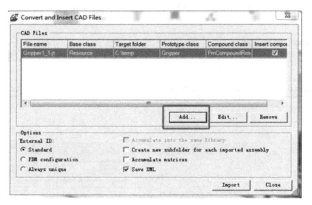

图 8-6 再次导入文件

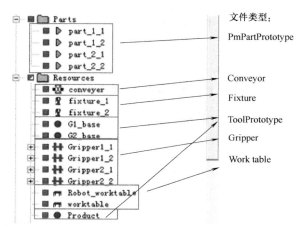

图 8-7 定义文件类型

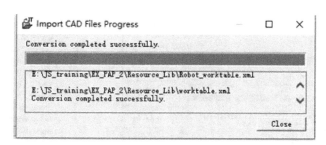

图 8-8 转换完成后出现的提示对话框

Step9. 若在转换设置对话框中选择了 Insert（插入）选项，那么显示区就会出现转换的组件，如图 8-9 所示。若没勾选 Insert 选项则不会出现，在文件存放的文件夹中会出现一个新的 .cojt 的文件。

Step10. 选择 Modeling→Insert Component 选项，如图 8-10 所示。

Step11. 此时弹出 Insert Component 对话框，找到存放机器人文件的目录，选择需插入的组件后单击"打开"按钮，如图 8-11 所示。

第8章 多工位搬运

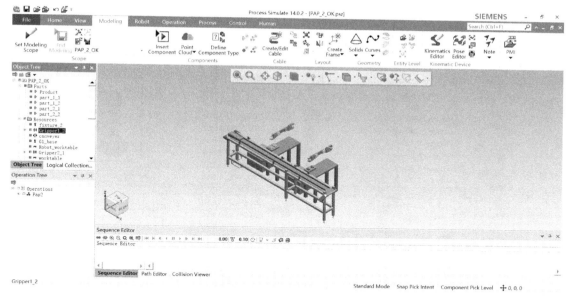

图8-9 组件插入页面

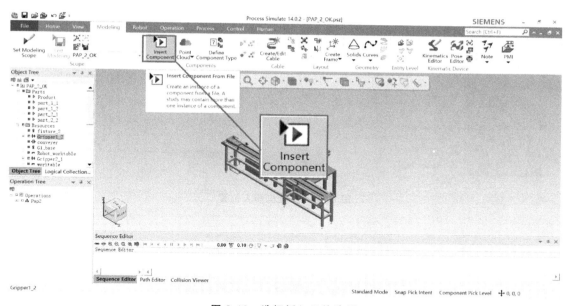

图8-10 选择插入组件选项

Step12. 调整机器人的位置，将其移动到需要的地方。选中机器人后单击鼠标右键，选择 Placement Manipulator 命令（快捷键为 Alt+P），出现 Placement Manipulator 对话框，如图 8-12 所示。

Step13. 在 Translate 选项中先选择 X，然后在旁边的文本框中输入 400；然后选择 Y，输入 400；最后选择 Z，输入 300。单击 Close 按钮，完成移动，如图 8-13 所示。每输入完一个数值，机器人都会移动，可直观地观察位置是否正确，若不正确，可以单击 Reset 按钮进行复位。

图 8-11　打开需插入的组件

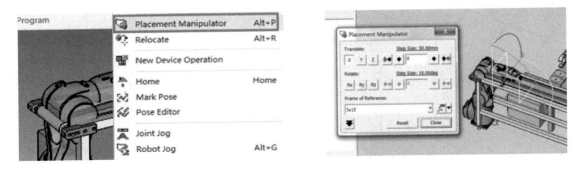

图 8-12　调整机器人位置

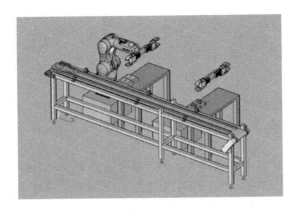

图 8-13　调整结果

Step14. 按照图中布局，现在还欠缺一个机器人，因为使用的是同型号机器人，所以重复使用 Insert ComPonent 命令，再插入一个机器人。新的机器人会出现在显示区中，如图 8-14 所示。

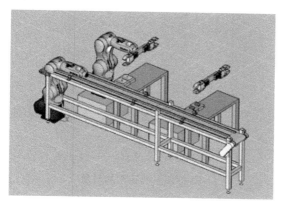

图 8-14　添加另外的机器人

Step15. 重复 Step12 和 Step13 步骤，将新的机器人移动到合适的地方：X，1400；Y，400；Z，300。因为两个机器人在 Object Tree 中的名字相同，为了更好地区分，分别将两个机器人改名为 R1 和 R2。

8.3.2　连接工具到机器人

Step1. 因为一个机器人会使用两个工具，所以首先需要把工具连接到机器人上。在菜单栏上选择 Home→Attachment→Attach 选项，如图 8-15 所示。

Step2. 然后将 G1_base 连接到机器人 R1 的 TOOLFRAME 上，两个 Gripper1 都连接到 G1_base 上，如图 8-16 所示。

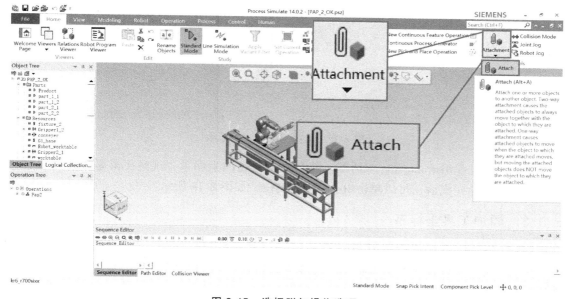

图 8-15　选择附加操作选项

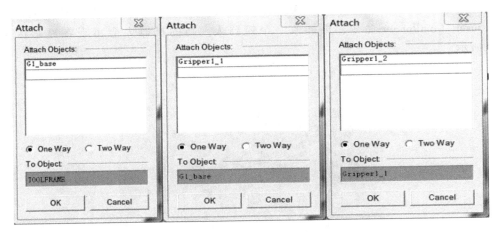

图 8-16　确定附加对象

Step3. 检验是否已经连接上，选中机器人，单击鼠标右键，选择 Robot Jog 选项，如图 8-17 所示。

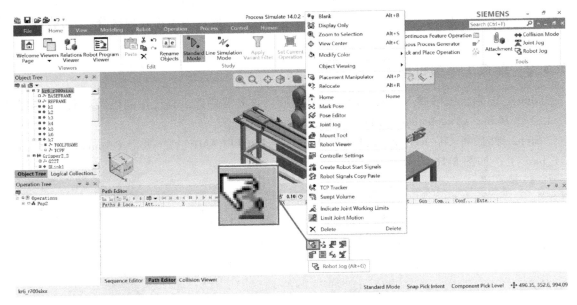

图 8-17　选择 Robot Jog 选项

Step4. 此时弹出 Robot Jog 对话框。随意拖动出现的坐标系，观察工具是否随着机器人一起移动。检验完成后，可以单击 Reset 按钮复位，如图 8-18 所示。

8.3.3　添加工具坐标系

Step1. 在 Object Tree 中选中工具 Gripper1_1，选中后工具变为蓝色，如图 8-19 所示。

Step2. 将工具设置为可编辑状态。选择 Modeling→Set Modeling Scope 选项，Object Tree 中的 Gripper1_1 图标左下角出现可编辑的标志，表示已经进入可编辑状态，如图 8-20 所示。

第8章 多工位搬运

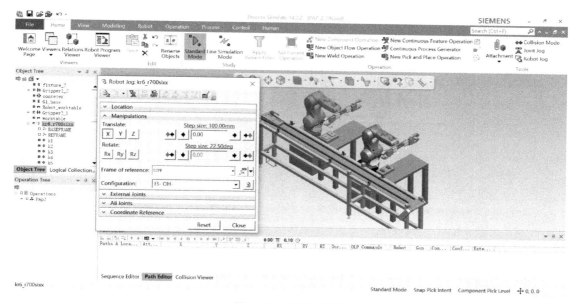

图 8-18 拖动坐标系

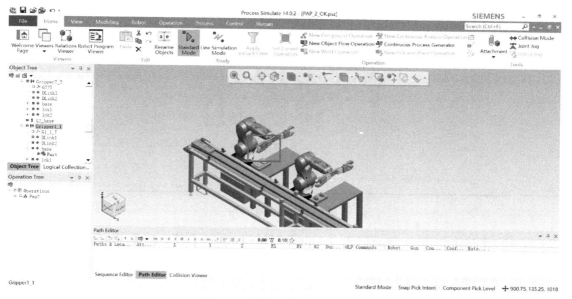

图 8-19 选中工具 Gripper1_1

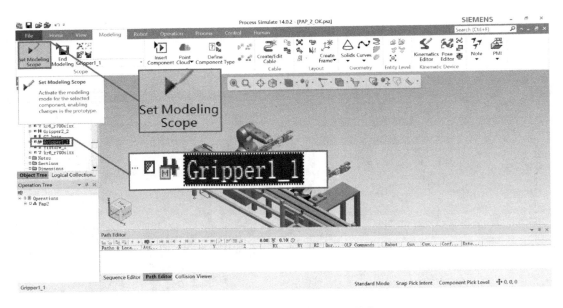

图 8-20 将工具设置为可编辑状态

Step3. 添加坐标系（选择 Modeling→Create Frame→Frame by 6 values 选项），注意要先选中工具，如图 8-21 所示。

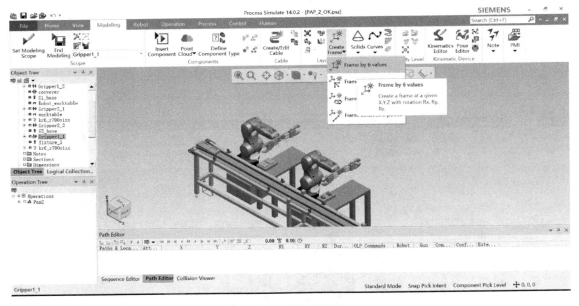

图 8-21 添加坐标系

Step4. 此时弹出 Create Frame By 6 Values 对话框，输入数值，单击 OK 按钮，如图 8-22 所示。在 Object Tree 中展开 Gripper1_1，可以发现多出一个 fr1 坐标系，将坐标系更名为 G1_1_T（选中坐标系，按 F2 键改名）。

Step5. 再创建一个坐标系，更名为 G1_1_B，如图 8-23 所示。

第8章 多工位搬运

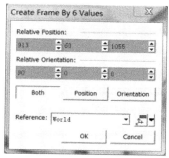
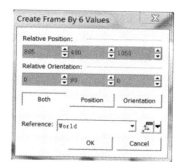
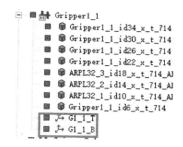

图 8-22　确定坐标系参数　　　　　图 8-23　坐标系更名

8.3.4　定义工具属性

Step1. 选中工具，在菜单栏中选择 Modeling→Tool Definition 选项，如图 8-24 所示。

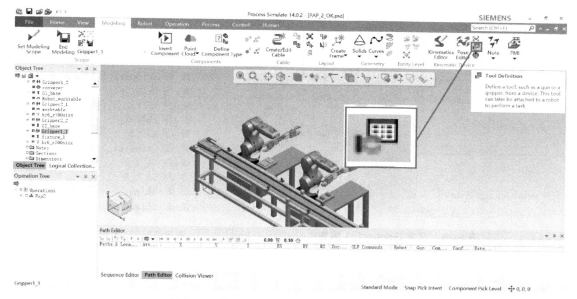

图 8-24　选择 Modeling→Tool Definition 选项

Step2. 此时出现 Tool Definition 提示对话框，单击确定按钮，进入 Tool Definition 对话框，如图 8-25 所示。

Step3. 定义 Gripper1_1 属性，如图 8-26 所示。

Step4. 单击 OK 按钮完成后，Object Tree 中的 Gripper1_1 出现了变化，表示已经定义成功，如图 8-27 所示。

8.3.5　定义工具动作

Step1. 选中 Gripper，然后选择菜单栏中的 Modeling→Kinematics→Kinematics Editor 选项，弹出 Kinematics Editor-Gripper 对话框，如图 8-28 所示。

Step2. 单击 Kinematics Editor-Gripper 对话框中左上角的图标，如图 8-29 所示。

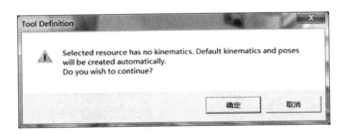

图 8-25　Tool Definition 提示对话框和 Tool Definition-Gripper1_1 对话框

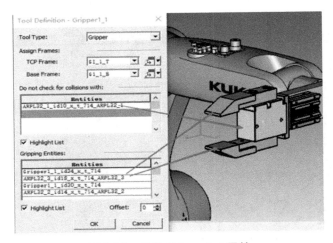

图 8-26　定义 Gripper1_1 属性　　　　　　　图 8-27　工具定义结果

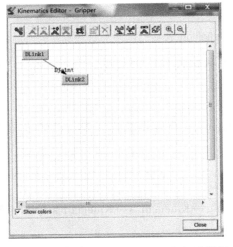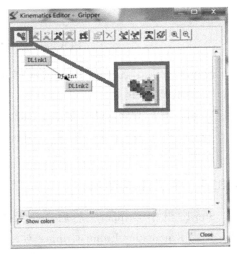

图 8-28　Kinematics Editor-Gripper 对话框　　　　图 8-29　单击 图标

Step3. 弹出 Link Properties 对话框，创建链接模块，如图 8-30 所示。

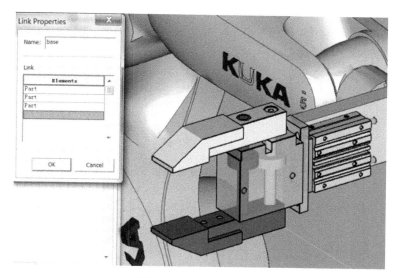

图 8-30　创建链接模块

Step4. 继续创建链接模块，将两边的气爪分别创建成不同的模块，如图 8-31 所示。

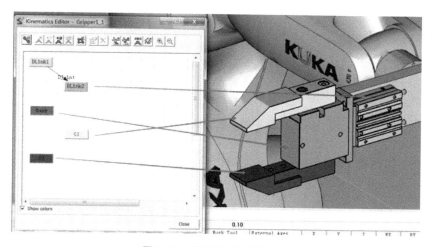

图 8-31　继续创建链接模块

Step5. 建立链接，选中 base 模块，按紧鼠标左键不放进行拖动，鼠标指针所经过之处会出现一条线，将鼠标指针移动到 G1 模块上，弹出 Joint Properties 对话框，如图 8-32 所示。

Step6. 对对话框中的参数进行调整。输入两个坐标的数值，定义移动方向，如图 8-33 所示。Joint type：Revolute 为旋转；Prismatic 为平移。

Step7. 重复操作，完成链接的建立，如图 8-34 所示。

Step8. 定义 Gripper 张开的姿态。选择 Modeling→Pose Editor 选项，如图 8-35 所示。

Step9. 此时弹出 Pose Editor-Gripper 对话框，选中 OPEN 选项，然后单击 Edit... 按钮，如图 8-36 所示。

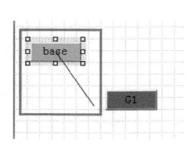

图 8-32　建立链接

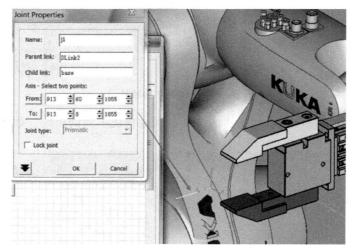

图 8-33　定义移动方向

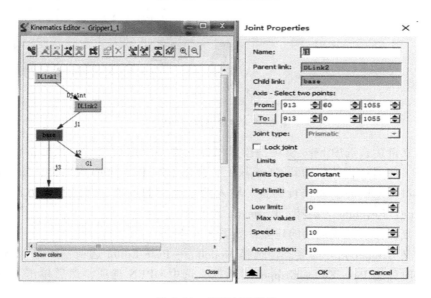

图 8-34　继续创建链接

第8章 多工位搬运

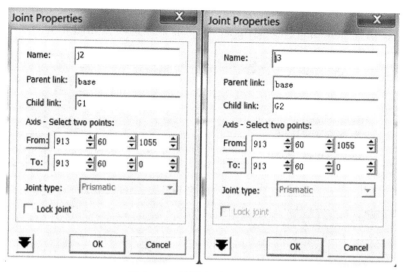

图 8-34　继续创建链接（续）

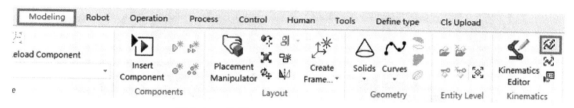

图 8-35　选择 Modeling→Pose Editor 选项

图 8-36　Pose Editor-Gripper 对话框

Step10. 在弹出的对话框中，分别设置 j1、j2、j3 所对应的参数，单击 OK 按钮完成。若需要切换回闭合状态，在 Pose Editor-Gripper 对话框中可双击 HOME，或选择 HOME，然后单击 Jump 按钮，就可回到原始状态，如图 8-37 所示。

Step11. 设置 CLOSE 的姿势参数，如图 8-38 所示。

8.3.6　定义工具的拾取对象

Step1. 在机器人拾取对象时，如果其他不相关的零件也在 Gripper 的允许误差范围内，那么 Gripper 也会将该零件拾取起来，所以为了准确地模拟，需要定义 Gripper 的拾取对象。选中 Gripper1_1，选择 Modeling→Set Gripped Objects List 选项，如图 8-39 所示。

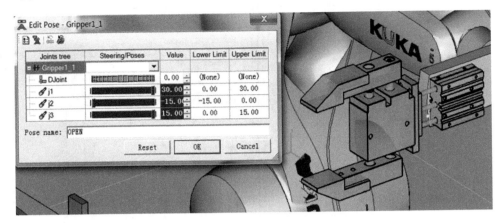

图 8-37　设置 OPEN 姿态参数

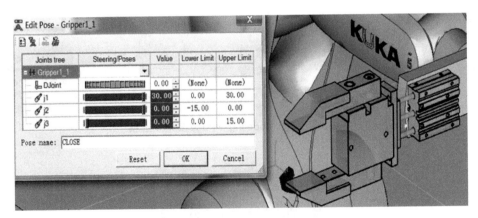

图 8-38　设置 CLOSE 姿态参数

图 8-39　选择设置拾取对象列表选项

Step2. 在弹出的对话框中选择 Defined list of objects 单选按钮，然后选择拾取对象，如图 8-40 所示。

Step3. 定义 Gripper1_2，为 Gripper1_2 创建坐标系，如图 8-41 所示。

8.3.7　定义当前机器人工具坐标系

Step1. 选中机器人，然后单击鼠标右键，选择 Mount Tool 命令，如图 8-42 所示。

图 8-40 定义拾取对象

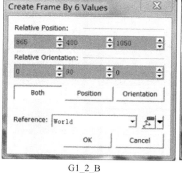
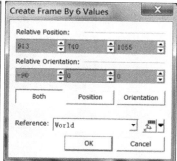
图 8-41 为 Gripper1_2 创建坐标系

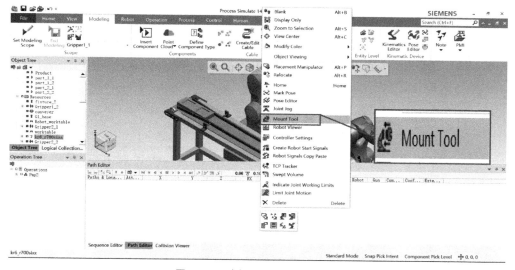
图 8-42 选择 Mount Tool 命令

Step2. 在打开的对话框中，在 Tool 选项中选择 Gripper1_1，Frame 选项中选择 G1_1_B，选择完成后，单击 Apply 按钮，如图 8-43 所示。

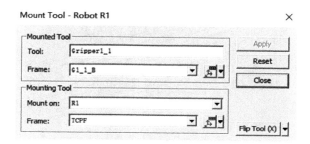
图 8-43 设置安装位置参数

Step3. 完成机器人 R2 与其 Gripper2_1 和 Gripper2_2 的定义，为 Gripper2_1 和 Gripper2_2 添加的坐标系如图 8-44 所示。

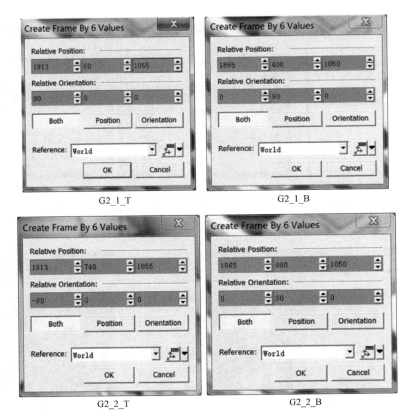

图 8-44　为 Gripper2_1 与 Gripper2_2 添加的坐标系

8.3.8　定义运动状态

Step1. 机器人拾取产品运动状态示意图如图 8-45 所示。

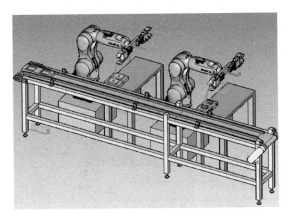

图 8-45　机器人拾取产品运动状态示意图

Step2. 定义产品至第一个工作点的动作，定义产品的起始坐标系与到达坐标系。选中 Product，将其转换为可编辑状态（选择 Modeling→Set Modeling Scope 选项），添加 start 坐标系。选中 conveyer，将其转换为可编辑状态（Modeling→Set Modeling Scope），添加 Middle1 坐标系。坐标系参数设置如图 8-46 所示。

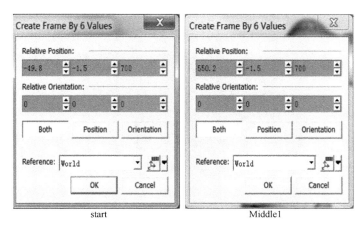

图 8-46　坐标系参数设置

Step3. 在 Operation Tree 中选中 Operation，然后在菜单栏中选择 Operation→New Operation→New Compound Operation 选项，建立一个群组，将运动动作放在一起，如图 8-47 所示。

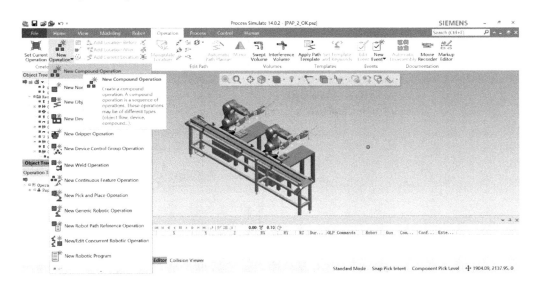

图 8-47　选择新建复合操作选项

Step4. 选中产品，在菜单栏中选择 Operation→New Operation→New Object Flow Operation 选项，如图 8-48 所示。

Step5. 此时弹出 New Object Flow Operation 对话框，从中设置参数单击 OK 按钮完成，如图 8-49 所示。

Step6. 单击刚刚建立的对象流操作，将其拖动到 PaP2 程序组群内，如图 8-50 所示。

Step7. 尝试进行运动仿真，选中对象流操作，按住鼠标左键将其拖动到 Sequence Editor，如图 8-51 所示。

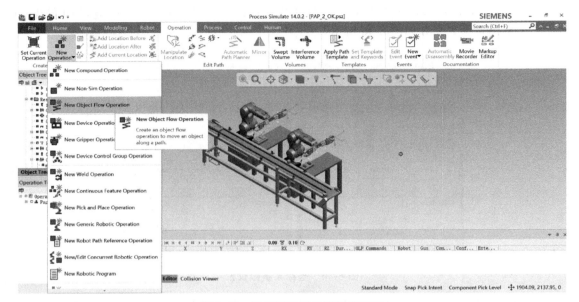

图 8-48 选择新建对象流操作选项

Start Point：起始坐标点。
End Point：结束坐标点。
Grip Frame：运动参考坐标系。
Duration：运动时间。

图 8-49 新建对象流操作

Step8. 此时在 Sequence Editor 中出现程序段，然后单击播放按钮，观看模拟情况，如图 8-52 所示。

8.3.9 创建 R1 机器人的拾取

Step1. 定义拾取坐标系。将 part_1_1 与 part_1_2 分别转换为编辑状态，并分别建立坐标系，参数设置如图 8-53 所示。

Step2. 按住 Ctrl 键，先选择 R1 机器人，再选择程序 PaP2，选择菜单栏中的 Operation→New Operation→New Pick and Place Operation 选项，如图 8-54 所示。

Step3. 此时弹出 New Pick and Place Operation 对话框，设置好参数后单击 OK 按钮，如图 8-55 所示。

第8章 多工位搬运

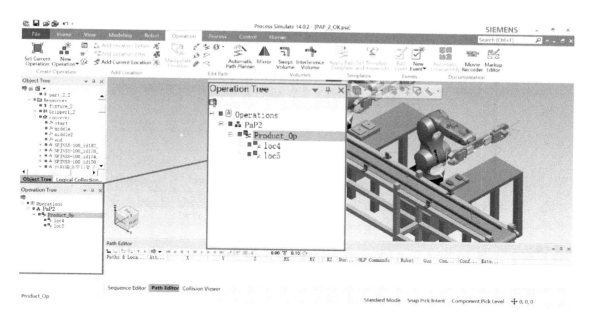

图 8-50 归纳对象流操作

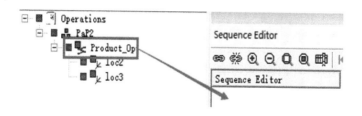

图 8-51 选中对象流操作并拖动

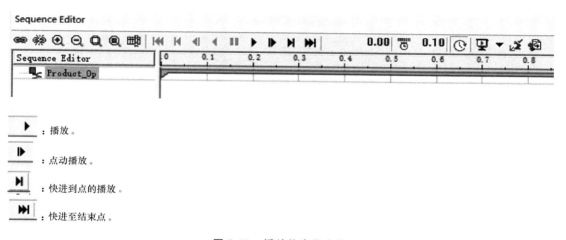

▶：播放。

▷：点动播放。

▶│：快进到点的播放。

▶▶│：快进至结束点。

图 8-52 播放仿真程序段

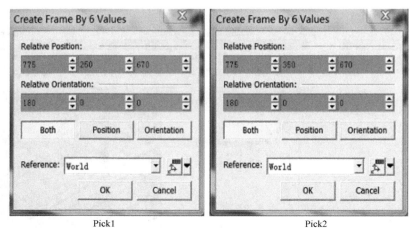

图 8-53　确定拾取坐标系参数

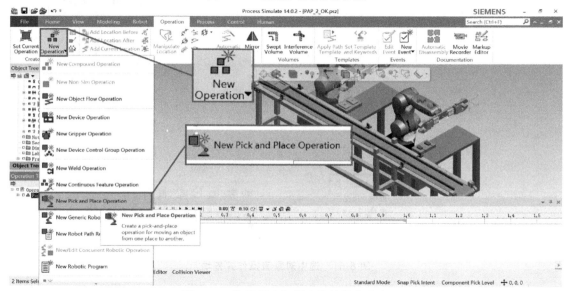

图 8-54　选择新建机器人拾放操作选项

图 8-55　定义机器人拾放参数

Step4. 选择新建的程序 R1_G1_1Pick，添加到 Path Editor（路径编辑器）进行播放，查看运动轨迹是否有碰撞，如图 8-56 所示。

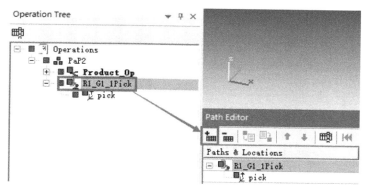

图 8-56　选中新建程序段并放入 Path Editor（路径编辑器）

Step5. 线框位置显示在到达 Pick 点前发生了碰撞，如图 8-57 所示。为了避免碰撞，在 Pick 点前添加拾取过渡点。

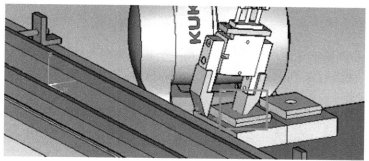

图 8-57　抓手与工件碰撞

Step6. 在 Path Editor 中选择 pick，然后选择 Operation→Add Location Before 选项，如图 8-58 所示。

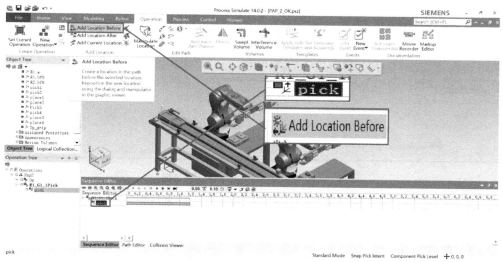

图 8-58　选择添加拾取过渡点选项

Step7. 此时弹出 Robot Jog：R1 对话框，设置 Translate 选项，沿 z 轴负方向移动 50mm，单击 Close 按钮，如图 8-59 所示。

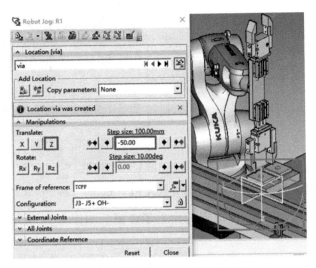

图 8-59 定义拾取过渡点姿态参数

Step8. 在 pick 点抓手夹住产品之后，添加一个提起来的非碰撞安全点。在 Sequence Editor 中选择 pick，然后选择 Operation→Add Location After 选项，如图 8-60 所示。

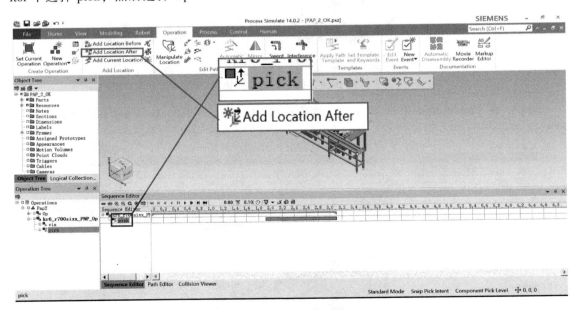

图 8-60 定义提起过渡点姿态参数

Step9. 此时弹出 Robot Jog：R1 对话框，设置 Translate 选项，沿 z 轴负方向移动 200mm，单击 Close 按钮创建完成，如图 8-61 所示。

Step10. 此时 Gripper1_1 的 Pick 程序已经创建完成。按同样的方法创建 Gripper1_2 的 Pick 程序，创建结果如图 8-62 所示。

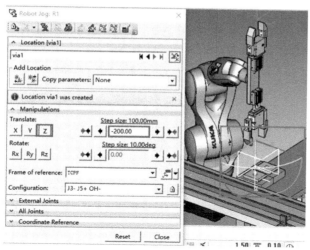
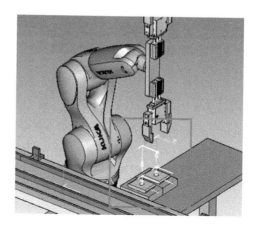

图 8-61　确定偏移数据　　　　　图 8-62　第二个夹具拾取程序创建结果

8.3.10　拾取程序的优化

Step1. 将 PaP2 程序放到在 Sequence Editor 中，按先后顺序将刚刚的动作连接起来，如图 8-63 所示。

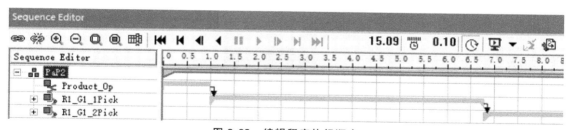

图 8-63　编辑程序执行顺序

Step2. 单击播放按钮，观察仿真情况。发现：
- Gripper 没有更换。
- 机器人动作不理想。

将程序 R1_G1_1Pick、R1_G1_2Pick 添加到 Path Editor，如图 8-64 所示。

Step3. Gripper 更换，找到 Gripper1_1 将 Part_1_1 拾取后的移动点 via1，如图 8-65 所示。

Step4. 单击 Path Editor 中 via1 点的 OLP Commands 单元格，如图 8-66 所示。

Step5. 在弹出的对话框中单击 Add 按钮，选择 Standard Commands→ToolHandling→Mount 选项，如图 8-67 所示。

Step6. 此时弹出 Mount 对话框，设置 Tool 为 Gripper1_2，设置 New TCPF 为 G1_2_T，单击 OK 按钮，则添加安装工具完成，如图 8-68 所示。

Step7. 再次进行模拟，对程序进行观察，发现图 8-69 所示的几个路径的动作使用的是 Joint 方式，将其修改成 Linear 方式。

Step8. 选择这 4 个点，然后单击 Set Location Properties 按钮，如图 8-70 所示。

Step9. 在弹出的对话框中，修改 Motion Type，将 PTP 改为 LIN，如图 8-71 所示。

图 8-64　添加程序段至 Path Editor（路径编辑器）

图 8-65　找到 Gripper1_1 将 Part_1_1 拾取后的移动点 via1

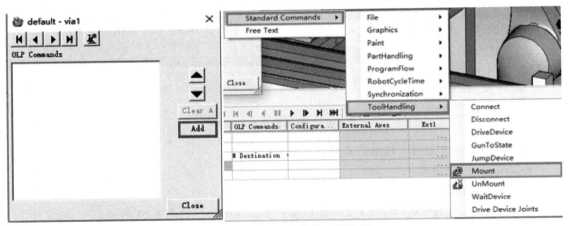

图 8-66　单击 via1 点的 OLP Commands 单元格

图 8-67　选择添加安装工具选项

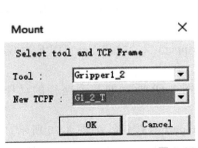

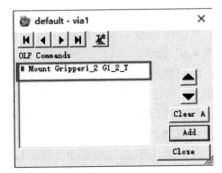

图 8-68　添加 Gripper1_2

第8章 多工位搬运

图 8-69　机器人 Joint（点到点）运动方式

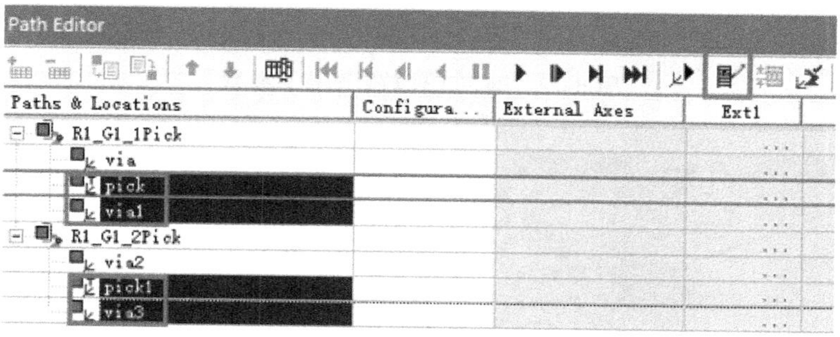

图 8-70　设置路径位置属性

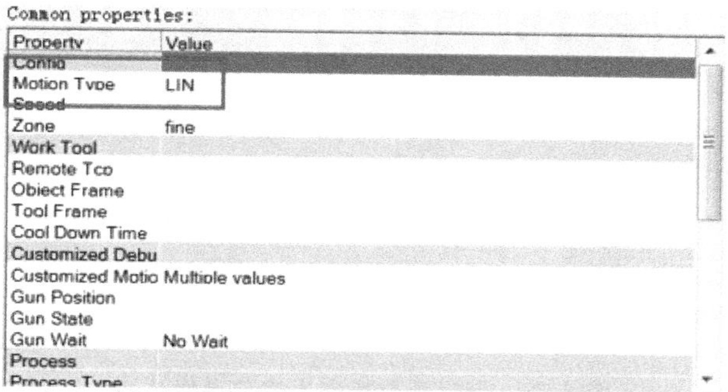

图 8-71　修改运动方式为 LIN（直线）

8.3.11　定义 R1 机器人拾取产品的放置

Step1. 定义放置坐标系。将 Fixture_total 转换为编辑状态，并建立坐标系，然后将程序跳转至最后，如图 8-72 所示。

Step2. 按住 Ctrl 键选择机器人，然后选择程序 PaP2，选择菜单栏中的 Operation→New Operation→New Pick and Place Operation 选项，如图 8-73 所示。

Step3. 弹出 New Pick and Place Operation 对话框，设置好参数，单击 OK 按钮完成，如图 8-74 所示。

Step4. 将 PaP2 程序移动到 Sequence Editor 中，按先后顺序将刚创建的动作连接起来，如图 8-75 所示。

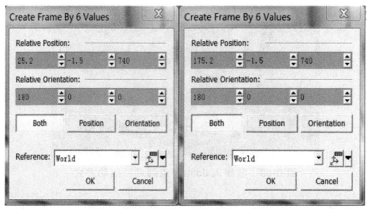

图 8-72　确定工件放置坐标系参数

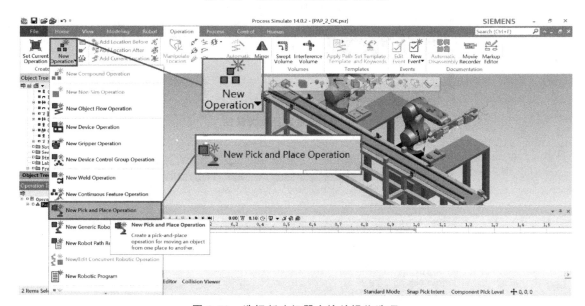

图 8-73　选择新建机器人拾放操作选项

图 8-74　定义机器人拾放操作参数

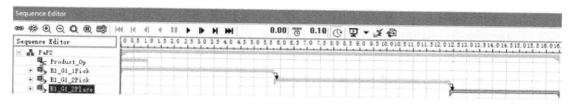

图 8-75 编辑程序执行顺序

Step5. 单击播放按钮，对程序进行观察，发现刚创建的程序路径有碰撞，需要在放置点前面添加一个安全点，如图 8-76 所示。

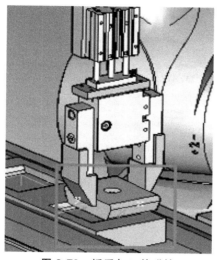

图 8-76 抓手与工件碰撞

Step6. 将程序播放到最后，将 R1_G1_2Place 添加到 Path Editor，选择 place 点，然后在菜单栏选择 Operation→Add Location Before 选项，如图 8-77 所示。

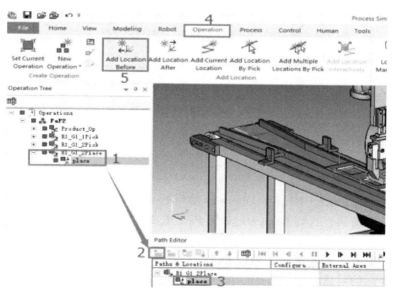

图 8-77 添加放置安全点

Step7. 弹出 Robot Jog：R1 对话框，设置 Translate 选项，沿 z 轴负方向移动 50mm，单击 Close 按钮创建完成，如图 8-78 所示。

Step8. 拾取放置完成后，添加一个拾取的安全点。选择 place，然后选择 Operations→Add Location After 选项，设置 Translate 为沿 z 的负方向移动 100mm，如图 8-79 所示。

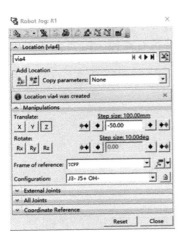
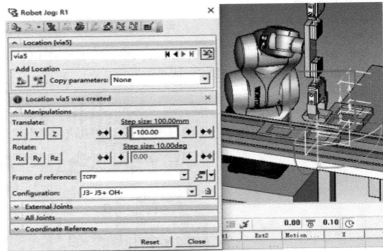

图 8-78 确定偏移数据　　　　　　图 8-79 添加拾取的安全点

Step9. 创建 Gripper1_2 的 Place 程序。

8.3.12 放置程序的优化

Step1. 在 Sequence Editor 中，按先后顺序将刚创建的 Gripper1_2 的 Place 程序连接起来，如图 8-80 所示。

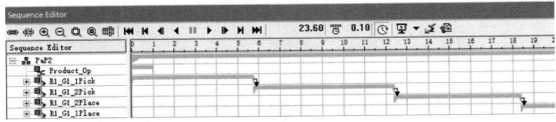

图 8-80 编辑程序段执行顺序

Step2. 单击播放按钮，观察仿真情况。发现：
- Gripper 没有更换。
- 机器人动作不理想。

将程序 R1_G1_2Place、R1_G1_1Place 添加到 Path Editor，如图 8-81 所示。

Step3. Gripper 更换，找到 Gripper1_2 将 Part_1_2 放置后拾取的安全点 via5，如图 8-82 所示。

Step4. 单击 Path Editor 中 via5 点的 OLP Commands 单元格，如图 8-83 所示。

Step5. 在弹出的对话框中单击 Add 按钮，选择 Standard Commands→ToolHandling→Mount 选项，如图 8-84 所示。

第8章 多工位搬运

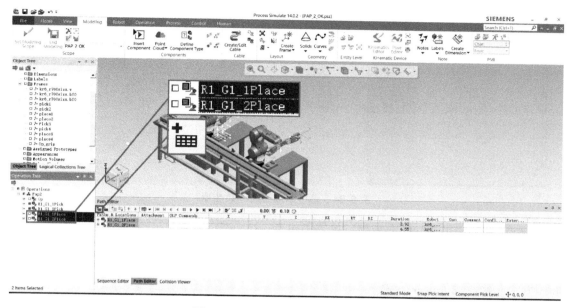

图 8-81　添加程序段至路径编辑器

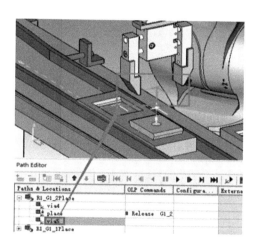

图 8-82　找到 Gripper1_2 将 Part_1_2 放置后拾取的安全点 via5

图 8-83　单击 via5 点的 OLP Commands 单元格

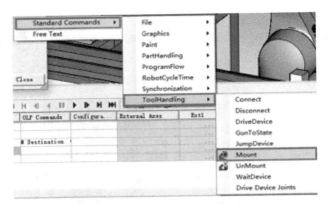

图 8-84　选择添加安装工具选项

Step6. 此时弹出 Mount 对话框，设置 Tool 为 Gripper1_1，设置 New TCPF 为 G1_1_T，添加完成，如图 8-85 所示。

Step7. 再次进行模拟，对程序进行观察，发现图 8-86 所示的几个路径的动作使用的是 Joint 方式，修改成 Linear 方式。

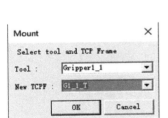
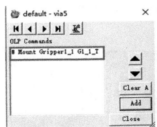
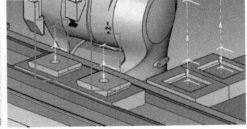

图 8-85　安装 Gripper1_1　　　　图 8-86　机器人 Joint（点到点）运动方式

Step8. 如图 8-87 所示，选择这 4 个点，然后单击 Set Location Properties 按钮。

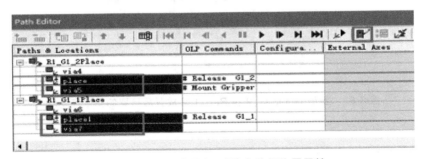

图 8-87　设置放置点/过渡点路径位置属性

Step9. 在弹出的对话框中修改 Motion Type，将 PTP 改为 LIN，如图 8-88 所示。

8.3.13　定义产品至第二个工作点的动作

Step1. 定义产品至第二个工作点的到达坐标系，选中 conveyer，添加坐标系，更名为 Middle2，参数如图 8-89 所示。

第8章 多工位搬运

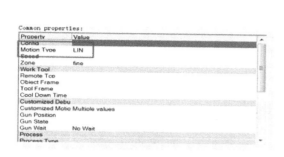
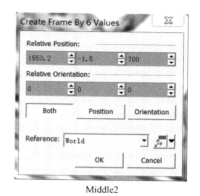

图 8-88 修改运动方式为 LIN（直线）　　图 8-89 确定工件第二个工作点的坐标系参数

Step2. 选中 Fixture_total，选择菜单栏中的 Operation→New Operation→New Object Flow Operation 选项，如图 8-90 所示。

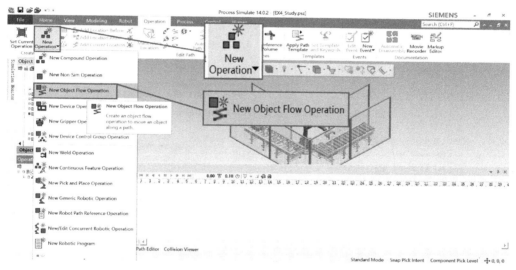

图 8-90 选择新建对象流操作选项

Step3. 弹出 New Object Flow Operation 对话框，从中设置合适的参数，单击 OK 按钮完成，如图 8-91 所示。Duration 为运动时间。

Step4. 在 Sequence Editor 中调整程序段位置。运行仿真程序，如果发现产品并没有跟着 Fixture 一起运动，就在 Operation Tree 中选择 R1_G1_1Place 程序段，将其添加进 Path Editor 中，如图 8-92 所示。

Step5. 选中 R1_G1_1Place 子程序的程序点 via7，单击 via7 点的 OLP Commands 单元格，如图 8-93 所示。

Step6. 在弹出的对话框中单击 Add 按钮，选择 Standard Commands→PartHandling→Attach 选项，如图 8-94 所示。

Step7. 在弹出的 Attach 对话框中，将产品 part_1_1、part_1_2 附加到 fixture_total 上，如图 8-95 所示。

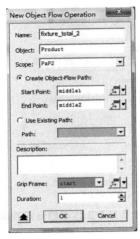

图 8-91 定义新建对象流操作参数

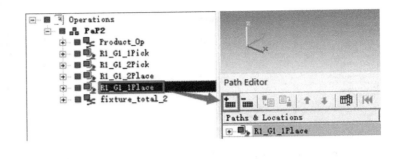

图 8-92 拖动程序段至 Path Editor（路径编辑器）

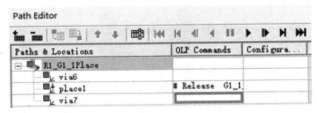

图 8-93 单击 via7 点的 OLP Commands 单元格

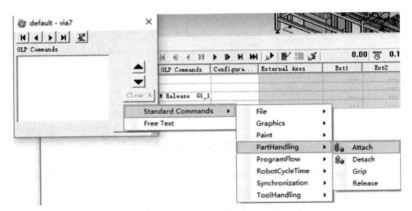

图 8-94 选择添加附加选项

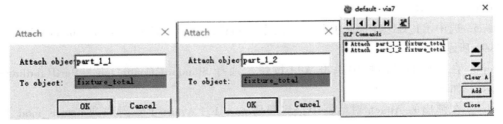

图 8-95 确定物体附加参数

Step8. 再次回到 Sequence Editor，进行模拟运行。

8.3.14 定义机器人 R2 的动作

具体的操作方法与机器人 R1 相同，需要使用到的坐标系参数如图 8-96 所示。

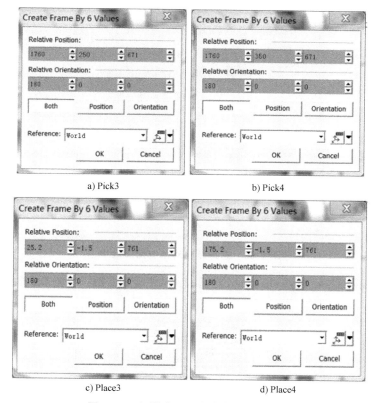

图 8-96　机器人 R2 拾放点坐标系参数

8.3.15 定义产品移动至末端动作

Step1. 定义产品出料坐标系。选中 conveyer，添加坐标系，更名为 End，如图 8-97 所示。

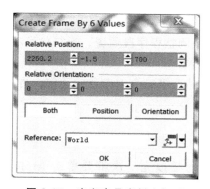

图 8-97　定义产品出料坐标系

Step2. 选中 Fixture_total，选择菜单栏中的 Operation→New Operation→New Object Flow Operation 选项，如图 8-98 所示。

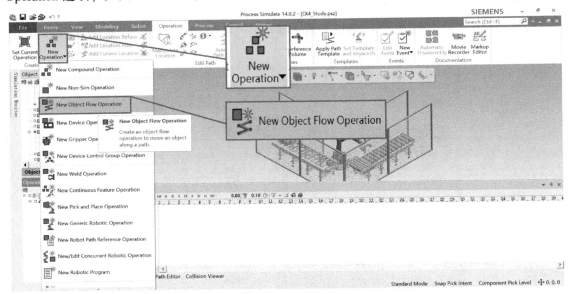

图 8-98 选择新建对象流操作选项

Step3. 弹出 New Object Flow Operation 对话框，从中设置参数，单击 OK 按钮完成，如图 8-99 所示。

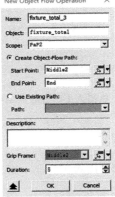

图 8-99 确定新建对象流操作参数

Step4. 在 Sequence Editor 中调整程序段位置。运行仿真程序，发现产品并没有跟着 Fixture 一起运动。

Step5. 参照 8.3.13 定义产品至第二个工作点的动作，再次回到 Sequence Editor，进行模拟运行。

8.3.16 保存

播放完模型运动后（注：每播放完一次都要单击 ⏮ 按钮回到模型初始状态），单击 💾 按钮保存好项目。

第 9 章

简 单 焊 接

9.1 教学目标

1) 学习创建焊枪工具。
2) 学习定义与装夹焊枪。
3) 学习生成焊接路径。
4) 学习创建焊接仿真操作。
5) 学习优化焊接仿真程序。

9.2 工作任务

1) 创建焊枪工具。
2) 焊枪定义与装夹。
3) 生成焊接路径。
4) 创建焊接仿真操作。
5) 优化焊接仿真程序。
6) 保存。

9.3 实践操作

9.3.1 创建焊枪工具

Step1. 选择目录中的 JS_training 文件夹，打开文档 case_weld_1，本实践的焊接对象为产品外边框，如图 9-1 所示。

Step2. 添加工作坐标，选中工具 Robacta5000_36_S（以下用焊枪代替），选中后变为深色，如图 9-2 所示。

Step3. 将工具设置为可编辑状态，选择 Modeling→Set Modeling Scope 选项，Object Tree 中的 Gripper 图标左下角出现可编辑标志，表示已经进入可编辑状态，如图 9-3 所示。

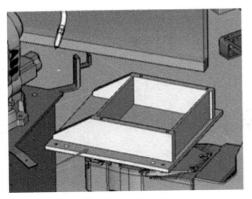
图 9-1 焊接对象

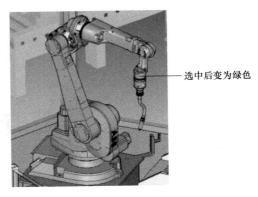
图 9-2 选中焊枪工具

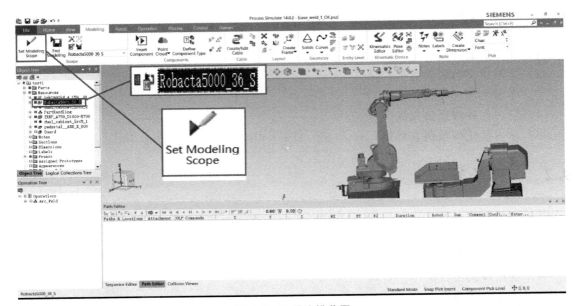
图 9-3 设置建模范围

Step4. 添加坐标系（选择 Modeling→Create Frame→Frame by 6 values 选项），注意要选中工具，如图 9-4 所示。

Step5. 在弹出的对话框中设置参数，单击 OK 按钮完成，如图 9-5 所示。

Step6. 在 Object Tree 中展开 Gripper，可以发现多出一个 fr1 的坐标系，将其更名为 G_B（选中坐标，按 F2 键改名），如图 9-6 所示。

9.3.2 焊枪定义与装夹

Step1. 选中工具，在菜单栏中选择 Modeling→Tool Definition 选项，如图 9-7 所示。

Step2. 出现提示对话框，单击确定按钮，进入 Tool Definition-Gripper 对话框，如图 9-8 所示。

Step3. 定义焊枪属性，属性设置如图 9-9 所示。

第9章 简单焊接

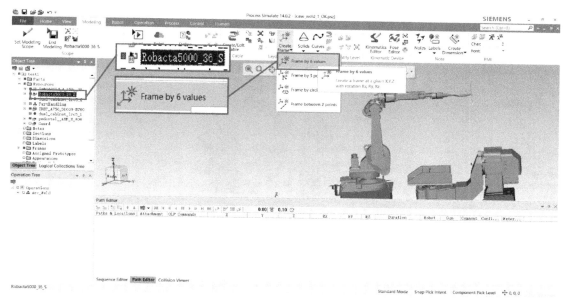

图 9-4　选中创建坐标系选项

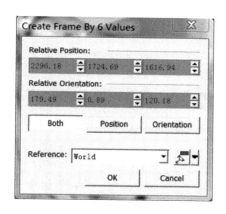

图 9-5　确定坐标系参数

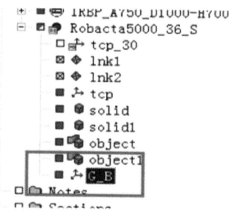

图 9-6　坐标系更名

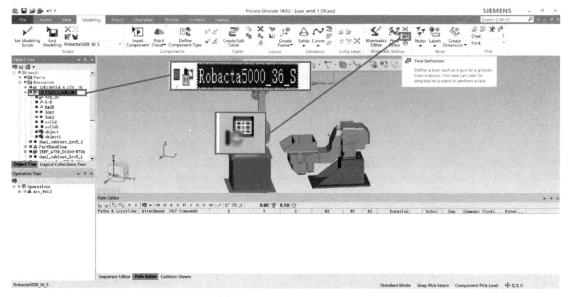

图 9-7 选择 Modeling→Tool Definition 选项

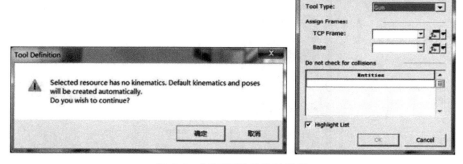

图 9-8 打开工具定义对话框

Tool Type：Gun。
TCP Frame：tcp_30 工作坐标系。
Base：G_B 基准坐标系。

图 9-9 设置焊枪属性

第9章　简单焊接

Step4. 单击 OK 按钮完成属性设置，选中机器人，然后单击鼠标右键，选择 Mount Tool 选项，出现 Mount Tool-Robot irb1600id 对话框，如图 9-10 所示。

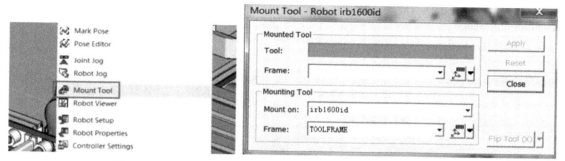

图 9-10　Mount Tool 命令及 Mount Tool-Robot irb1600id 对话框

Step5. 在 Tool 选项中选择 Robacta5000_36_S，在 Frame 选项中选择 G_B，选择完成后单击 Apply 按钮，如图 9-11 所示。

Step6. 检验是否已经连接上，选中机器人，单击鼠标右键，选择 Robot Jog 命令，如图 9-12 所示。

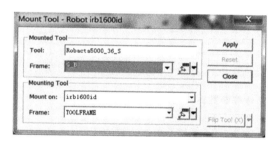

图 9-11　确定工具安装参数

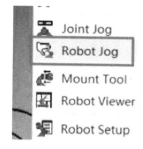

图 9-12　选择 Robot Jog 命令

Step7. 随意拖动出现的坐标系，观察工具是否随着机器人一起移动。检验完成后，可以单击 Reset 按钮复位，如图 9-13 所示。

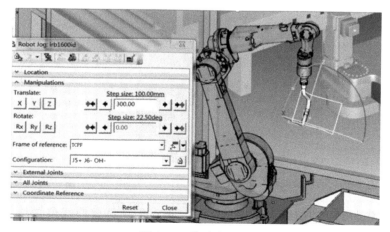

图 9-13　拖动坐标系

099

9.3.3 生成焊接路径

Step1. 绘制焊接曲线，选中产品 Part_upr，将工具设置为可编辑状态，选择 Modeling→Set Modeling Scope 选项，然后选择菜单栏中的 Modeling→Curves→Create Isoparametric Curves 选项，如图 9-14 所示。

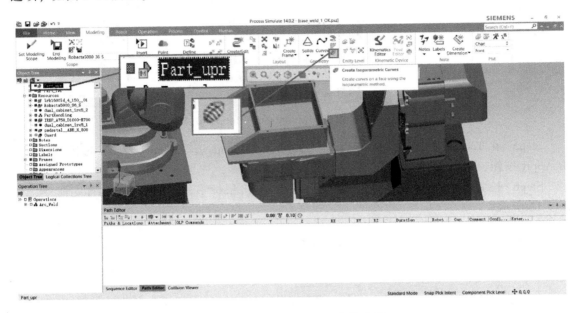

图 9-14　选择创建等参数曲线选项

Step2. 在弹出的对话框中选择产品的侧面，方向选择-U，然后单击 OK 按钮完成，如图 9-15 所示。

Step3. 在 Object Tree 中的产品目录下出现新曲线名称，如图 9-16 所示。

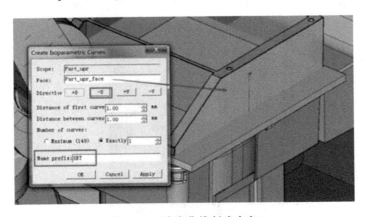

图 9-15　确定曲线创建方向　　　　　　　图 9-16　曲线创建结果

Step4. 默认状态下，曲线会向上偏置 1mm，所以需要调整曲线位置。选中曲线，然后使用 Placement Manipulator（Alt+P）功能将曲线向下移动 1mm，如图 9-17 所示。

第9章 简单焊接

图 9-17 调整曲线位置

9.3.4 创建焊接仿真操作

Step1. 将绘制的曲线转换为机器人程序，在 Operation Tree 中新建一个程序组，如图 9-18 所示。

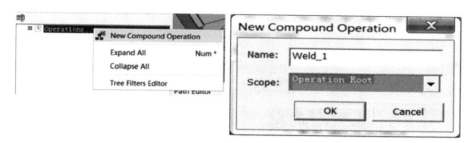

图 9-18 新建程序组

Step2. 按住 Ctrl 键选中绘制好的曲线和 Weld_1 程序段，在菜单栏中选择 Operation→New Operation→Continuous Process Generator（连续工艺生成器）选项，如图 9-19 所示。

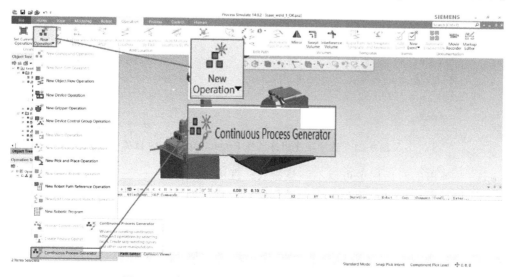

图 9-19 选择 Continuous Process Generator 选项

Step3. 在弹出的对话框中设置参数,然后单击 OK 按钮,如图 9-20 所示。

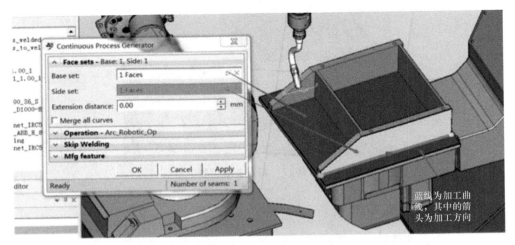

图 9-20 在 Continuous Process Generator 中设置参数

Step4. 在 Operation Tree 中出现程序组,单击程序组,然后选择 Project Arc Seam 选项,如图 9-21 所示。

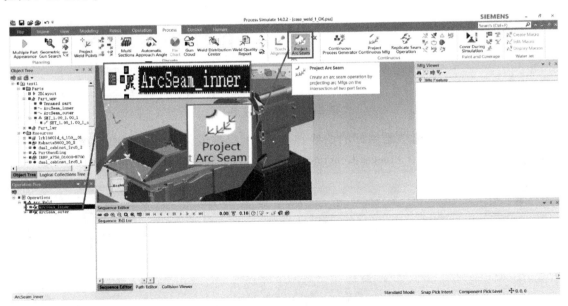

图 9-21 选中程序组并选择 Project Arc Seam 选项

Step5. 在弹出的对话框中可以不调整参数,直接单击 Project 按钮,如图 9-22 所示。
Step6. 将程序放入 Path Editor 中,进行模拟仿真,如图 9-23 所示。

9.3.5 优化焊接仿真程序

Step1. 运行仿真后,发现机器人的姿态不准确,应该调整机器人的姿态。选中程序 Arc_Robotic_Op_1,在菜单栏中选择 Process→Torch Alignment 选项,如图 9-24 所示。

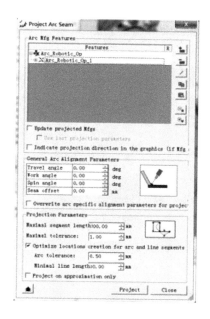

图 9-22　Project Arc Seam 对话框

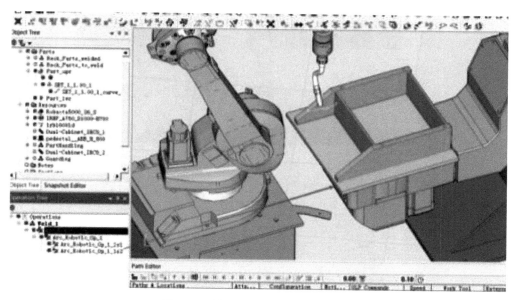

图 9-23　使用 Path Editor 模拟仿真

Step2. 此时弹出 Torch Alignment 对话框，应该调整 x 轴、y 轴方向，即调整 Spin angle 参数，如图 9-25 所示。

Step3. 继续调整第二个点，输入与第一个点相同的变化数值，然后单击 Close 按钮结束。再次进行模拟，检查程序，为了使机器人运行更加安全，在焊接程序前后添加中间路径点。重复上述操作，将另一边的焊接程序执行完，并将两条焊接程序连接起来。

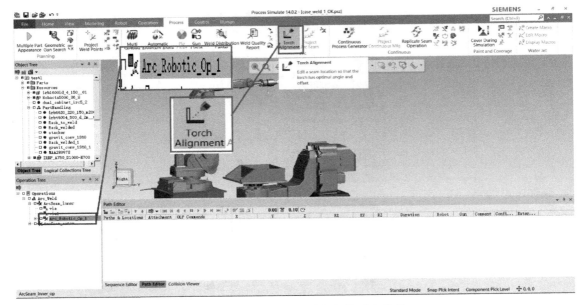

图 9-24　选中程序段并选择焊枪对齐选项

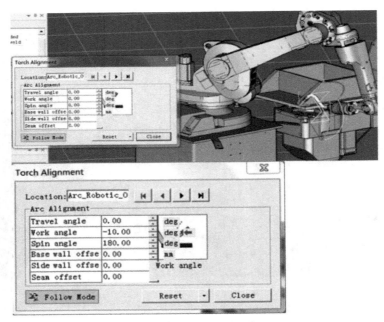

图 9-25　调整机器人的 Spin angle 参数

9.3.6　保存

播放完模型运动后（注：每播放完一次都要单击 按钮回到模型初始状态），单击 按钮保存项目。

第10章 联动焊接

10.1 教学目标

1）学习生成曲线与编辑曲线。
2）学习利用曲线升级成工艺曲线。
3）学习生成与编辑焊接仿真程序。
4）学习设置碰撞检测。
5）学习设置机器人外部轴。

10.2 工作任务

1）曲线生成与编辑。
2）工艺曲线设置。
3）焊接仿真程序生成与编辑。
4）设置碰撞检测。
5）程序优化。
6）外部轴设置。
7）设置另一个位置的焊接操作。
8）保存。

10.3 实践操作

10.3.1 曲线生成与编辑

Step1. 在目录中选择 JS_training 文件夹，打开文档 case_weld_1，本实践的焊接对象为产品边框，如图 10-1 所示。

Step2. 定义焊接路径，绘制焊接曲线。选中产品 Part_upr，将工具设置为可编辑状态，选择 Modeling→Set Modeling Scope 选项，然后选择菜单栏中的 Modeling→Create Isoparametric Curves 选项，如图 10-2 所示。

图 10-1　焊接对象

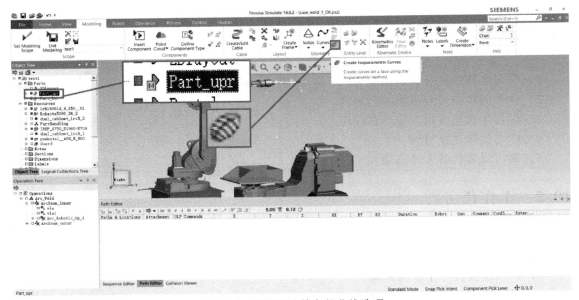

图 10-2　选择创建等参数曲线选项

Step3. 在弹出的对话框中选择产品的侧面，使曲线在内壁底部，然后单击 OK 按钮完成，如图 10-3 所示。

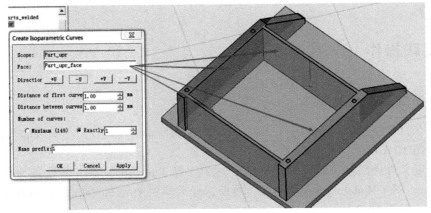

图 10-3　选择产品的侧面并调整曲线位置

Step4. 重复操作 4 次，共创建 4 条曲线，结果如图 10-4 所示。

Step5. 选择其中一条曲线，将其沿其中一个轴向移动 180，如图 10-5 所示。

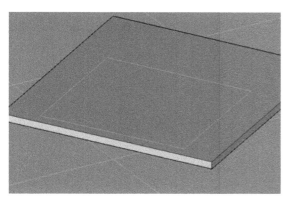

图 10-4　曲线创建结果

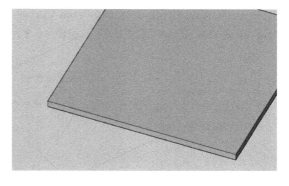

图 10-5　选中其中一条曲线进行偏置

Step6. 复制移动的曲线，然后使其向反方向平移 180。再使用倒圆角工具做出 4 个圆角，使其连成一条曲线。在 Object Tree 中选择 Part_upr，然后选择 Modeling→Curves→Fillet 选项，如图 10-6 所示。

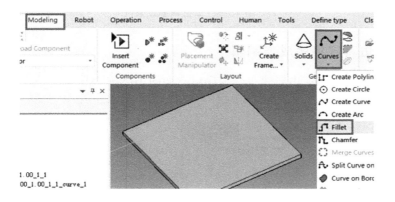

图 10-6　选择 Modeling→Curves→Fillet 选项

Step7. 在打开的对话框中设置参数，设置完成后单击 OK 按钮，得到曲线处理结果，如图 10-7 所示。

图 10-7　曲线处理结果

10.3.2 工艺曲线设置

将绘制的曲线转换为机器人弧焊程序路径。选择刚刚绘制好的曲线，在菜单栏中选择 Process→Create Continuous Mfgs from Curves 选项，在弹出的对话框中进行设置，此时在 Mfg Viewer 窗口中多出一条新曲线，如图 10-8 所示。

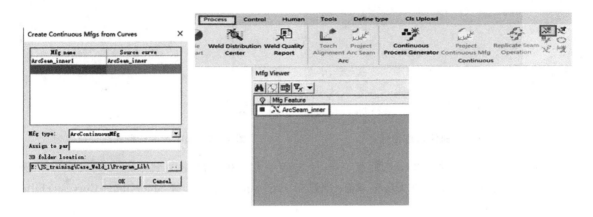

图 10-8　工艺曲线设置

10.3.3 焊接仿真程序生成与编辑

Step1. 在 Operation Tree 中新建一个程序组，如图 10-9 所示。

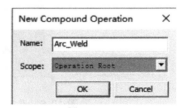

图 10-9　新建程序组

Step2. 选中 Arc_Weld 程序段。在菜单栏中选择 Operation→New Operation→New Continuous Feature Operation 选项，如图 10-10 所示。

Step3. 在弹出对话框的 Continuous Mfgs 列表中选择转换后的曲线，如图 10-11 所示。

Step4. 在 New Continuous Operation 对话框中单击 OK 按钮，在 Mfg Viewer 中找到转换好的 Mfg 曲线，选择 Process→Indicate Seam Start 选项，如图 10-12 所示。

Step5. 在 Indicate Seam Start 对话框中设置起点和经由方向点，单击 OK 按钮完成，如图 10-13 所示。注意两个点不能重合。

Step6. 在 Operation Tree 中选择 ArcSeam_inner 程序段，然后在菜单栏中选择 Process→Project Arc Seam 选项，如图 10-14 所示。

Step7. 此时弹出对话框,选择出现的程序段,单击右侧的 图标,如图 10-15 所示。
Step8. 在 Edit Mfg Feature Data 对话框中,选择加工底面和加工臂,如图 10-16 所示。
Step9. 完成后,单击 OK 按钮返回 Project Arc Seam 对话框,从中单击 Project 按钮,将程序放入 Path Editor 中,进行模拟运行。此时会发现机器人运行的姿势不太好。

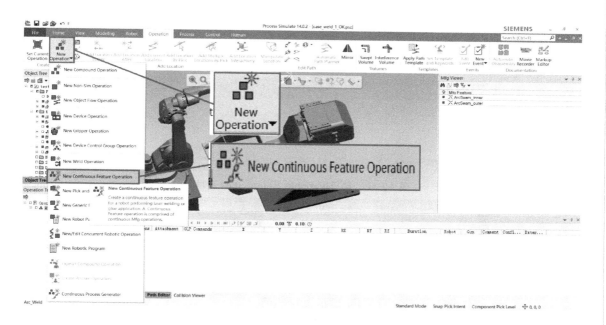

图 10-10 选择新建连续特征操作选项

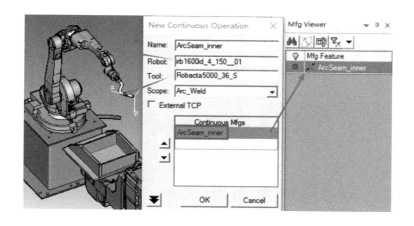

图 10-11 选择转换后的曲线

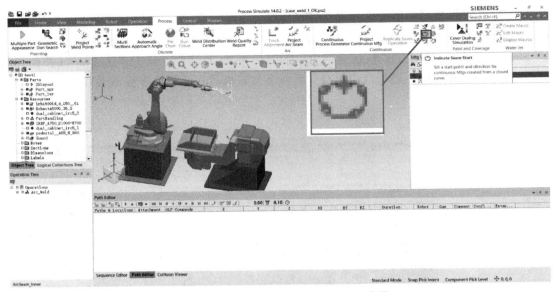

图 10-12　选择 Indicate Seam Start 选项

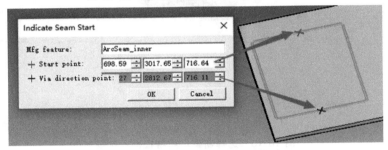

图 10-13　设置起点和经由方向点

图 10-14　选中程序段并选择 Project Arc Seam 选项

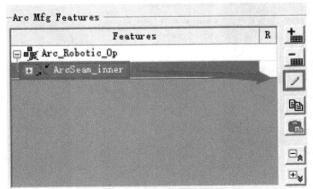

图 10-15　选中程序段并单击 图标

第10章 联动焊接

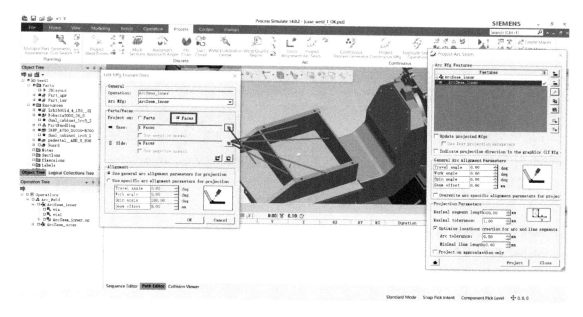

图 10-16 选择加工底面和加工臂

10.3.4 设置碰撞检测

Step1. 调整机器人姿态,因为焊枪需要在产品内部移动,应避免焊枪与产品发生碰撞,所以需要提前做好避让动作。首先开启碰撞检测功能,选择 Home→Collision Mode 选项,如图 10-17 所示。

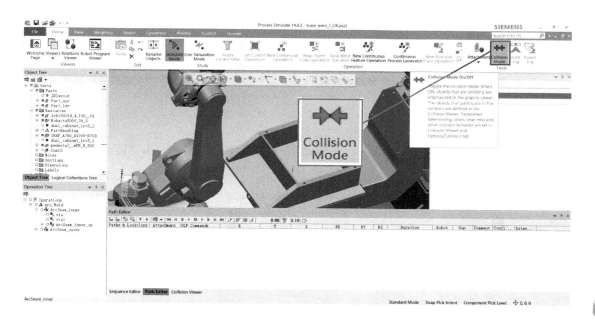

图 10-17 开启碰撞模式

Step2. 打开 Collision Viewer，然后单击左上角的 New Collision Set 图标，如图 10-18 所示。

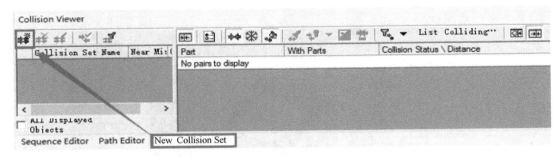

图 10-18　新建碰撞集

Step3. 设置检查对象和碰撞对象，如图 10-19 所示。

Step4. 进行虚拟运行，如果运行中出现碰撞，那么机器人和产品都会变红，碰撞检测结果如图 10-20 所示。

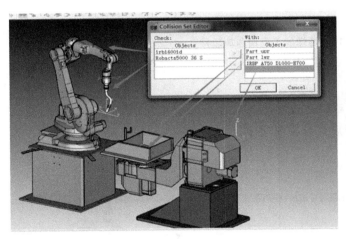

图 10-19　设置检查对象和碰撞对象

图 10-20　碰撞检测结果

10.3.5　程序优化

Step1. 选中程序 ArcSeam_inner，在菜单栏中选择 Process→Torch Alignment 选项，如图 10-21 所示。

图 10-21　选中程序并选择 Torch Alignment 选项

Step2. 弹出 Torch Alignment 对话框，通过调整参数对机器人的姿态进行调整，使其不会发生碰撞，如图 10-22 所示。

Step3. 单击 ▶ 按钮移动至下一个点，调整第二个点。再次进行仿真，检查程序。为了使机器人运行得更加安全，在焊接程序前后添加中间路径点。

10.3.6 外部轴设置

Step1. 使产品固定在定位机与机器人联动，选择定位机设为可编辑状态，如图 10-23 所示。

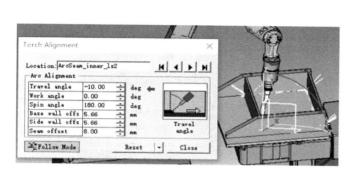
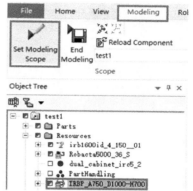

图 10-22　调整机器人焊接姿态　　　　图 10-23　选择定位机并设为可编辑状态

Step2. 将产品固定至定位机的转盘上并设置附加对象，如图 10-24 所示。

Step3. 设置联动。给外部轴设置运动操作，然后选中机器人，单击鼠标右键，选择 Robot Properties 选项，在弹出的对话框中选择 External Axes 选项卡，然后单击 Add... 按钮，如图 10-25 所示。

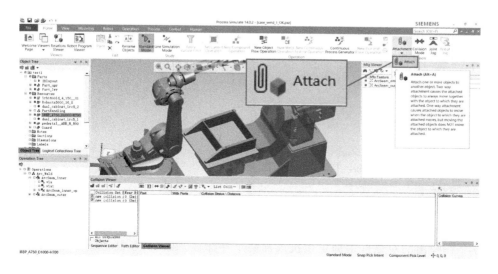

图 10-24　设置附加对象

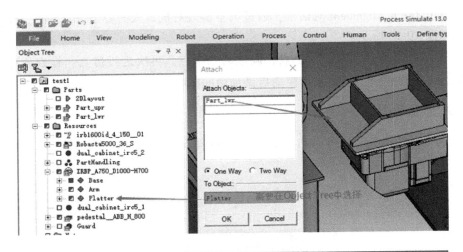

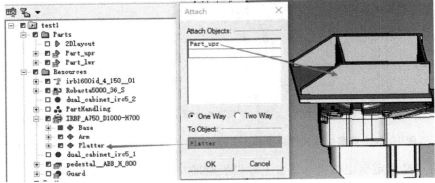

图 10-24 设置附加对象（续）

图 10-25 执行添加外部轴操作

Step4. 在弹出的对话框中为定位机添加两个外部轴，如图 10-26 所示。

Step5. 选中程序 Arc Seam_inner，然后在菜单栏中选择 Robot→Set External Axes Values 选项，单击弹出对话框左下角的 Follow Mode 图标，如图 10-27 所示。

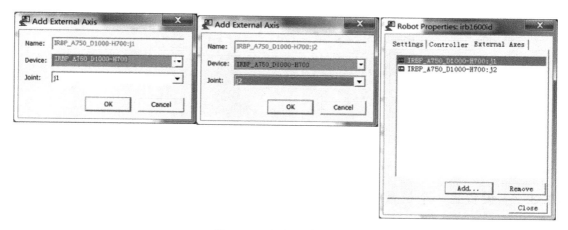

图 10-26　添加两个外部轴

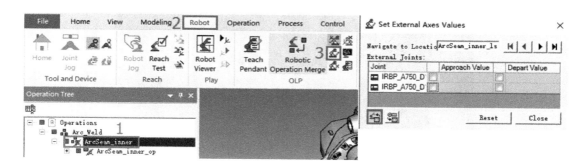

图 10-27　选中程序并打开 Set External Axes Values 选项

Step6. 设置联动动作。在 Set External Axes Values 对话框中勾选 Approach Value 复选框，然后在 Approach Value 输入转动装置旋转的角度。此时可以在显示区观察姿态是否正确，如图 10-28 所示。

图 10-28　定义外部轴旋转值

Step7. 完成后单击 ▶ 按钮进入下一个动作，直至完成全部设置，如图 10-29 所示。

Step8. 进行模拟运行。

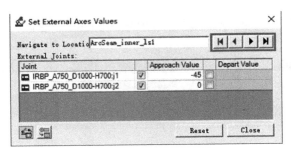

图 10-29　设置全部动作

10.3.7　设置另一个位置的焊接操作

对另一个位置的焊接操作进行设置，如图 10-30 所示。

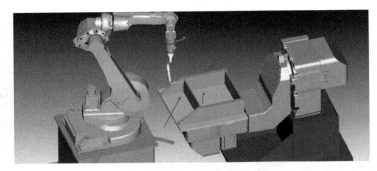

图 10-30　设置另一个位置的焊接操作

10.3.8　保存

播放完模型运动后（注：每播放完一次都要按 按钮回到模型初始状态），单击 按钮保存项目。

第 11 章

机器人数控加工

11.1 教学目标

1）巩固工具定义与装夹。
2）学会设定 Part 工件坐标。
3）学会导入程序。

11.2 工作任务

1）导入文件。
2）设定工具的坐标系。
3）主轴工具定义。
4）工具装夹。
5）设定 Part 工件坐标。
6）导入程序。
7）模拟仿真。
8）优化程序段路径。
9）保存。

11.3 实践操作

11.3.1 导入文件

Step1. 设置库根路径（选择 File→Options 选项或者按 F6 键），如图 11-1 所示。
Step2. 创建一个新的项目（选择 File→Disconnected Study→New Study 选项），如图 11-2 所示。
Step3. 在弹出的 New Study 对话框中单击 Create 按钮，如图 11-3 所示。

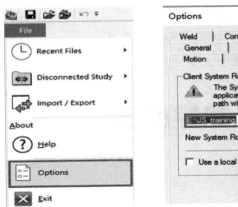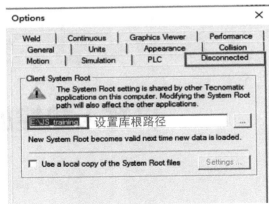

图 11-1 设置库根路径

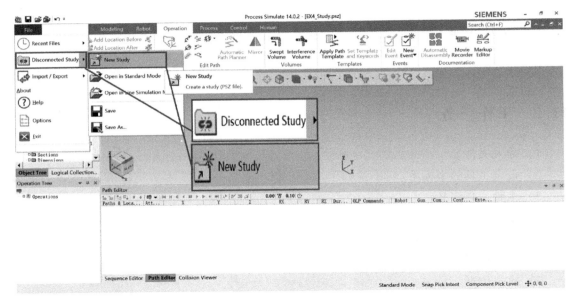

图 11-2 新建项目

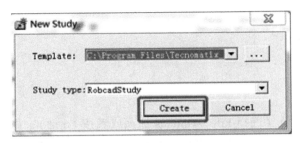

图 11-3 单击 Create 按钮

Step4. 在菜单栏中选择 Modeling→Insert Component 选项，进行插入组件操作，如图 11-4 所示。

第11章 机器人数控加工

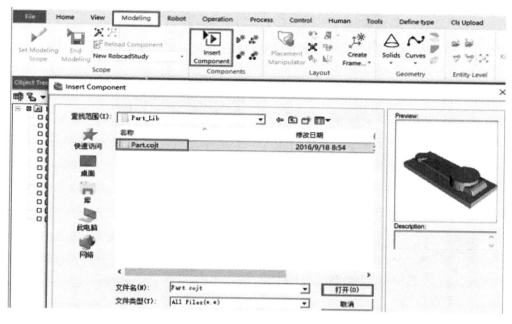

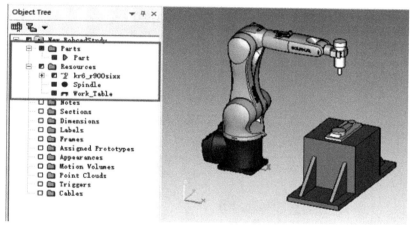

图 11-4 插入组件

11.3.2 设定工具的坐标系

Step1. 在 Object Tree 中选择 Spindle，进入编辑状态。选择菜单栏中的 Modeling→Set Modeling Scope 选项，Spindle 显示为 M 红色标记，表示已进入可编辑状态，如图 11-5 所示。

Step2. 设置机器人法兰盘中心位置的坐标系，选择 Modeling → Crete Frame→Frame by 6 values 选项，如图 11-6 所示。

Step3. 在弹出的对话框中设置坐标系参数，单击 OK 按钮完成，然后按 F2 键进行更名，更名为 S-BASE，如图 11-7 所示。

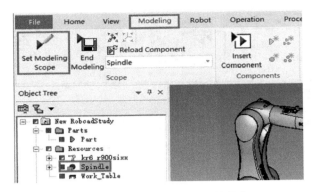

图 11-5 使选中工具进入编辑状态

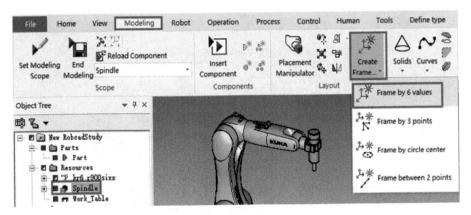

图 11-6 创建基准坐标系

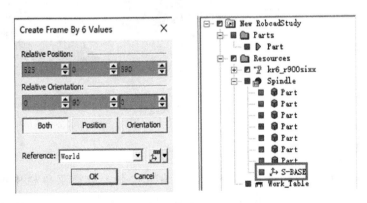

图 11-7 坐标系更名为 S-BASE

Step4. 设置刀具的加工中心坐标系,创建完成后将坐标系更名为 TCP,如图 11-8 所示。

11.3.3 主轴工具定义

Step1. 选择 Modeling→Tool Definition 选项,进行工具定义,如图 11-9 所示。

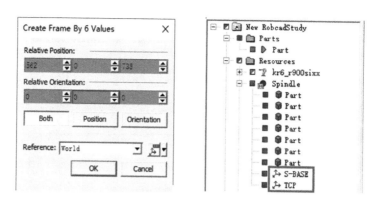

图 11-8　坐标系更名为 TCP

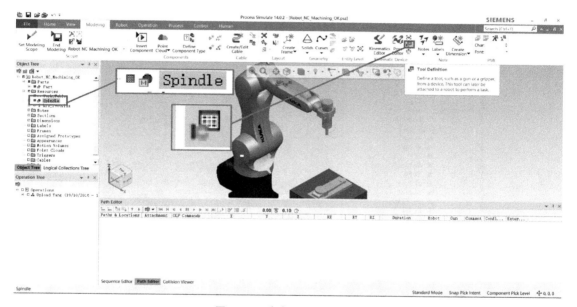

图 11-9　选中工具定义选项

Step2. 弹出提示对话框，单击确定按钮，如图 11-10 所示。

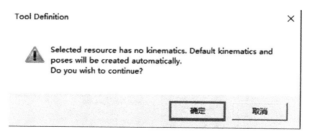

图 11-10　弹出提示对话框并单击确定按钮

Step3. 弹出 Tool Definition-Spindle 对话框，选择 TCP Frame 为 TCP，选择 Base Frame 为 S-BASE 选项，如图 11-11 所示。

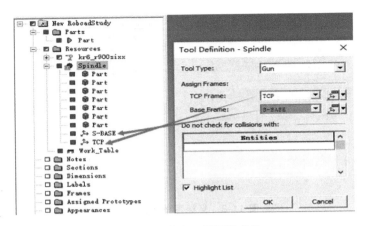

图 11-11　定义工具属性参数

Step4. 此时，TCP 坐标系图标变成带绿色钥匙显示的形状，则工具定义成功，如图 11-12 所示。

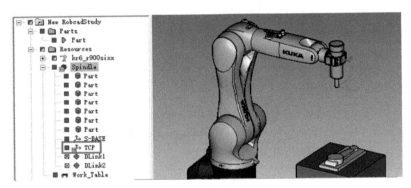

图 11-12　工具定义成功

11.3.4　工具装夹

Step1. 选择机器人，单击鼠标右键，选择 Mount Tool 选项，如图 11-13 所示。

Step2. 在弹出的 Mount Tool 对话框中选择 Tool 为 Spindle，选择 Frame 为 S-BASE，选择 Mount on 为 kr6_r900sixx，选择 Frame 为 TCPF，如图 11-14 所示。

图 11-13　选中安装工具选项

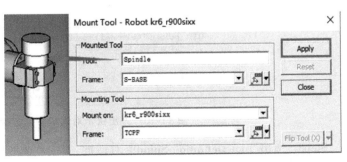

图 11-14　确定工具安装参数

Step3. 选中机器人，单击鼠标右键，选择 Robot Jog 选项，如图 11-15 所示。

Step4. 拖动坐标系检查连接联动，然后在 Robot Jog 对话框中单击 Reset 按钮（此时坐标应在 TCP 上，证明机器人与工具连接后工作坐标系变为 TCP 坐标系），如图 11-16 所示。

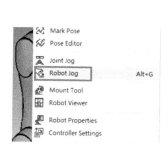
图 11-15 选中机器人调整选项

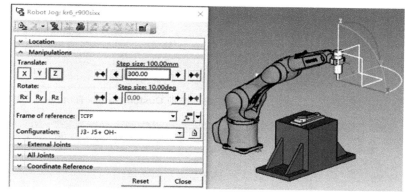
图 11-16 拖动坐标系检查连接联动

11.3.5 设定 Part 工件坐标

在 Object Tree 中选择 Part，选择 Modeling→Set Modeling Scope 选项，Part 显示为红色标记，表示已进入可编辑状态。在 Object Tree 中选择 Part，选择 Modeling→Create Frame→Frame by 6 values 选项，并按 F2 键更名为 P-BASE，如图 11-17 所示。

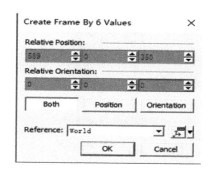
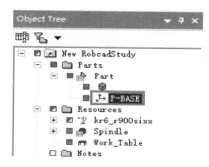

图 11-17 创建工件坐标系 P-BASE

11.3.6 导入程序

Step1. 在菜单栏的空白处单击鼠标右键，选择 Customize the Ribbon... 选项，如图 11-18 所示。

Step2. 此时显示 Customize 对话框中的 Customize Ribbon 选项界面，从中添加 Cls Upload 选项，如图 11-19 所示。

Step3. 在 Object Tree 中选中机器人，在 Cls Upload 对话框中设置参数，然后单击 Upload 按钮，如图 11-20 所示。

Step4. 在 Select cls files to upload 对话框中选择 NC_Code.cls 并打开，如图 11-21 所示。

数字化工艺仿真（下册）

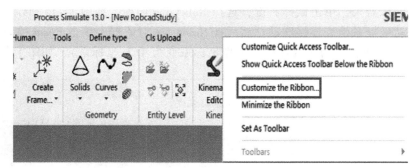

图 11-18　选择 Customize the Ribbon... 选项

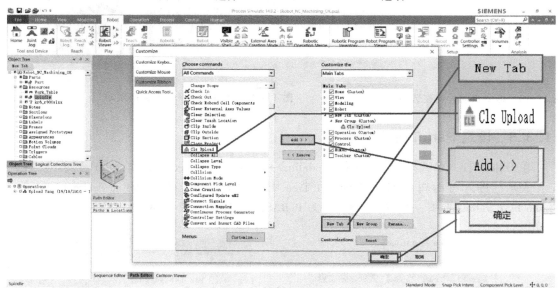

图 11-19　添加 Cls Upload 选项

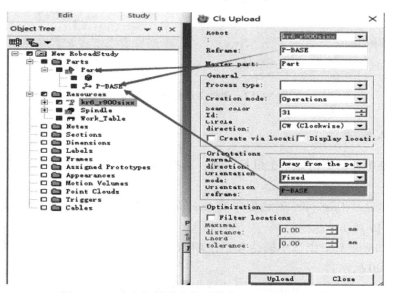

图 11-20　定义机器人参数后单击 Upload 按钮上传

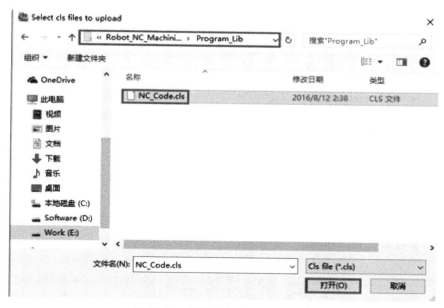

图 11-21　打开 NC_Code.cls 文件

11.3.7　模拟仿真

Step1. 选择程序段，将其拖动到 Sequence Editor 中，如图 11-22 所示。

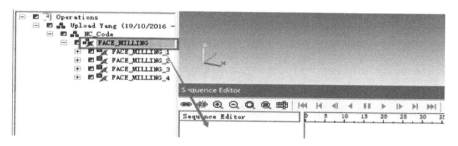

图 11-22　将程序段拖至 Sequence Editor（序列编辑器）

Step2. 播放程序段，进行模拟仿真，如图 11-23 所示。

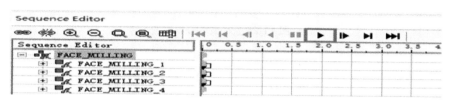

图 11-23　模拟仿真

11.3.8　优化程序段路径

Step1. 选择 FACE_MILLING 程序段，添加到 Path Editor 中，如图 11-24 所示。

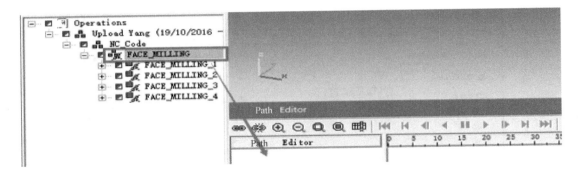

图 11-24　选中程序段并拖至 Path Editor

Step2. 在 Operation Tree 中选择 FACE_MILLING_1，然后选择 Operation→Add Location Before 选项添加进刀位置，如图 11-25 所示。

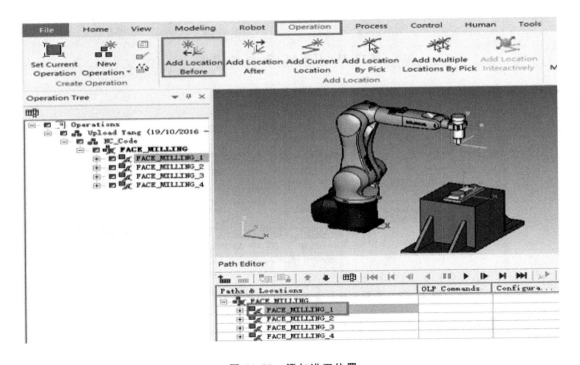

图 11-25　添加进刀位置

Step3. 在弹出的对话框中，在 Translate 下选择 x 轴，使其沿负方向移动 25mm，如图 11-26 所示。

Step4. 在 Operation Tree 中选择 FACE_MILLING_4，然后选择 Operation→Add Location After 选项，在弹出的对话框中，在 Translate 下选择 z 轴，使其沿正方向移动 50mm，如图 11-27 所示。

Step5. 在 Operation Tree 中选择 via1，然后选择 Operation→Add Current Location 选项，如图 11-28 所示。

第11章 机器人数控加工

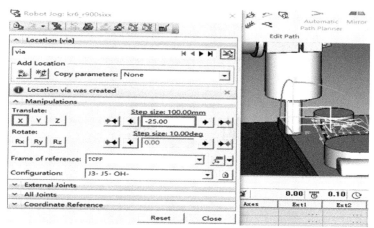

图 11-26　定义进刀偏移数据

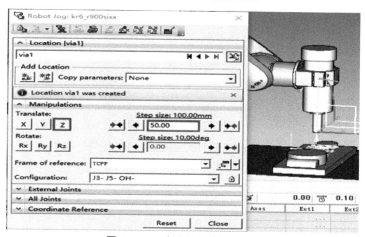

图 11-27　定义退刀偏移数据

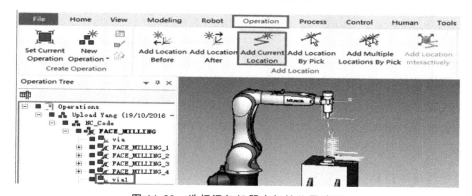

图 11-28　选择添加机器人初始位置选项

11.3.9　保存

播放完模型运动后（注：每播放完一次都要单击 按钮回到模型初始状态），单击 按钮保存项目。

第 12 章

抛 光

12.1 教学目标

1）学会定义砂轮机加工坐标系。

2）巩固导入程序。

3）学会设置外部 TCP。

4）学会设置机器人控制器。

5）学会设置机器人路径点参数。

6）学会对机器人程序示教。

7）学会下载机器人程序。

12.2 工作任务

1）导入文件。

2）工件装夹。

3）砂轮机定义。

4）导入程序。

5）设置外部 TCP。

6）模拟仿真。

7）优化程序段路径。

8）设置机器人控制器。

9）设置位置属性。

10）对机器人程序示教。

11）下载机器人程序。

12）保存。

12.3 实践操作

12.3.1 导入文件

Step1. 设置库根路径（选择 File→Options 选项或者按 F6 键），如图 12-1 所示。

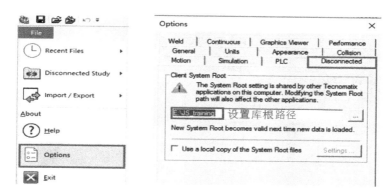

图 12-1 设置库根路径

Step2. 创建一个新的项目（选择 File→Disconnected Study→New Study 选项），如图 12-2 所示。

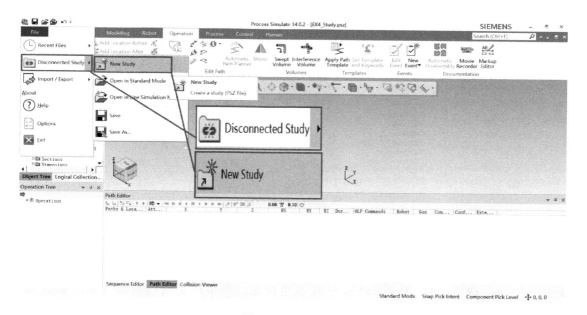

图 12-2 新建项目

Step3. 在弹出的 New Study 对话框中单击 Create 按钮，如图 12-3 所示。

Step4. 在菜单栏中选择 Modeling→Insert Component 选项，在打开的对话框中进行选择，如图 12-4 所示。

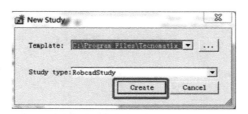

图 12-3　单击 Create 按钮

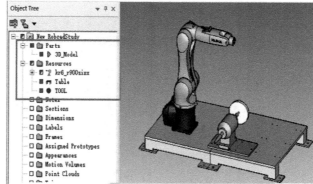

图 12-4　插入组件

12.3.2　工件装夹

Step1. 在 Object Tree 中选择 3D_Model，进入编辑状态，选择菜单栏中的 Modeling→Set Modeling Scope 选项，3D_Model 显示为 M 红色标记，表示已进入可编辑转态，如图 12-5 所示。

Step2. 设置机器人法兰盘中心位置的坐标系，选择 Modeling→Crete Frame→Frame by 6 values 选项，如图 12-6 所示。

Step3. 在弹出的对话框中设置坐标系参数，单击 OK 按钮完成，然后按 F2 键进行更名，更名为 P-BASE，如图 12-7 所示。

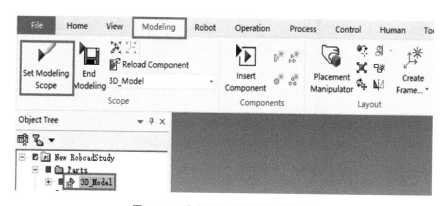

图 12-5　选中工件并设置建模范围

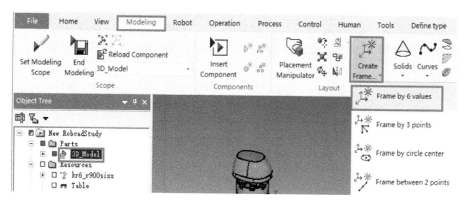

图 12-6　创建基准坐标系

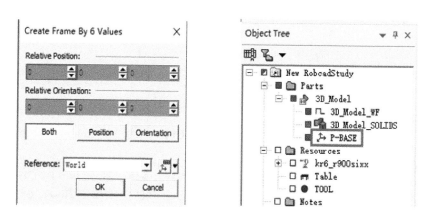

图 12-7　坐标系更名为 P-BASE

Step4. 将 3D_Model 移至法兰盘中心。选择 3D_Model，单击鼠标右键，选择 Relocate，在打开的对话框中设置开始、目标坐标系，然后单击 Apply 按钮，如图 12-8 所示。

Step5. 将 3D_Model 连接至机器人。选择 Home→Attachment→Attach 选项，如图 12-9 所示。

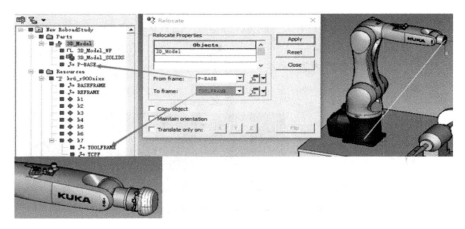

图 12-8　将 3D_Model 移至法兰盘中心

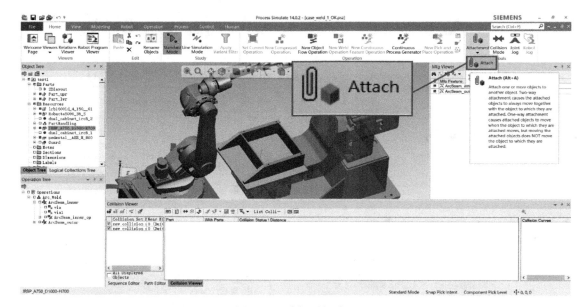

图 12-9　选择附加选项

Step6. 在弹出的 Attach 对话框中选择 Attach Objects 为 3D_Model，设置 To Object 为 TOOLFRAME，如图 12-10 所示。

Step7. 选择机器人，单击鼠标右键，选择 Robot Jog 选项，如图 12-11 所示。

Step8. 拖动坐标系检查连接联动，然后在 Robot Jog 对话框中单击 Reset 按钮，如图 12-12 所示。

12.3.3　砂轮机定义

Step1. 在 Object Tree 中选中 TOOL，选择 Modeling→Set Modeling Scope 选项，然后为 TOOL 添加坐标系，在 Object Tree 中选择 TOOL，选择 Modeling→Create Frame→Frame by 6 values 选项，并更名为 T_BASE 选项，如图 12-13 所示。

第12章 抛光

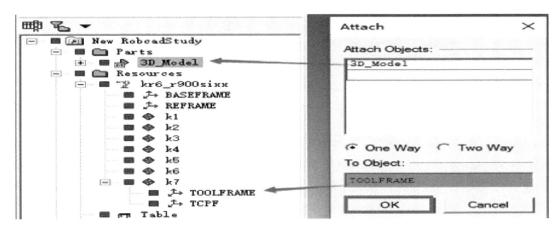

图 12-10 设置附加参数

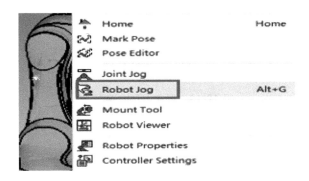

图 12-11 选择机器人调整选项

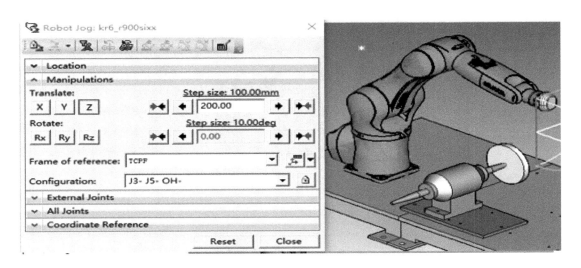

图 12-12 拖动坐标系检查连接联动

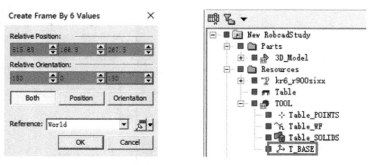

图 12-13　创建基准坐标系 T_BASE

Step2. 重复上一步操作，建立 ETCP 坐标系，如图 12-14 所示。

图 12-14　创建 ETCP 坐标系

Step3. 在 Object Tree 中选择 TOOL，然后选择 Modeling→Tool Definition 选项，进行工具定义，如图 12-15 所示。

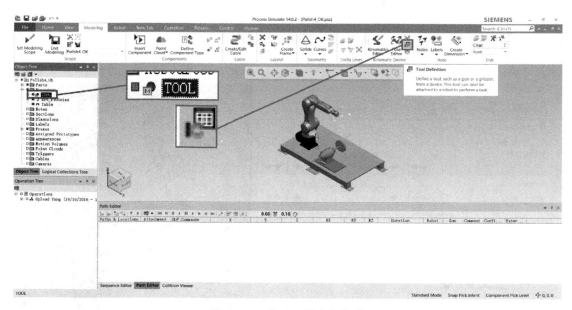

图 12-15　选中工具定义选项

Step4. 弹出提示对话框，单击确定按钮，如图 12-16 所示。

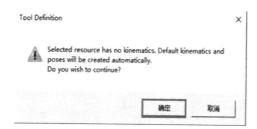

图 12-16　弹出提示对话框并单击确定按钮

Step5. 弹出 Tool Definition-TOOL 对话框，选择 TCP Frame 为 ETCP，选择 Base Frame 为 T_BASE，如图 12-17 所示。

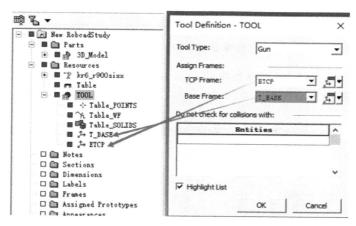

图 12-17　定义工具属性参数

Step6. 此时，ETCP 坐标系图标变成带绿色钥匙显示的形状，则工具定义成功，如图 12-18 所示。

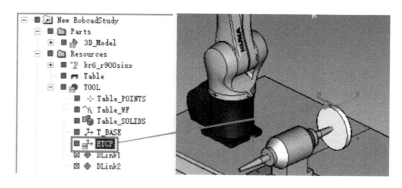

图 12-18　工具定义成功

12.3.4　导入程序

Step1. 在菜单栏的空白处单击鼠标右键，选择 Customize the Ribbon... 选项，如图 12-19 所示。

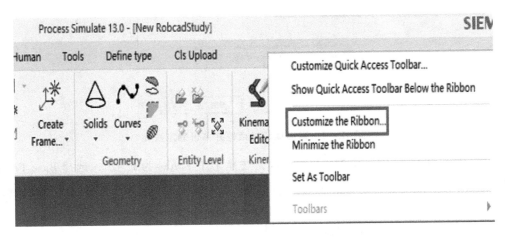

图 12-19　选择 Customize the Ribbon... 选项

Step2. 此时显示 Customize 对话框中的 Customize Ribbon 选项界面，从中添加 Cls Upload 选项，如图 12-20 所示。

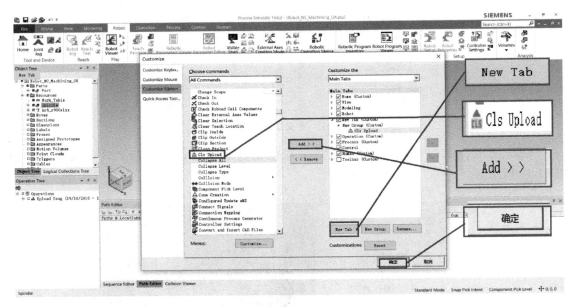

图 12-20　添加 Cls Upload 选项

Step3. 在 Object Tree 中选中机器人，在 Cls Uplaod 对话框中设置参数，然后单击 Upload 按钮，如图 12-21 所示。

Step4. 在 Select cls files to upload 对话框中选择 Mold_insert.cls 打开，如图 12-22 所示。

12.3.5　设置外部 TCP

Step1. 设定程序外部 TCP（External TCP），在 Operation Tree 下选择 VARIABLE_CON-TOUR，单击鼠标右键，选择 Operation Properties，如图 12-23 所示。

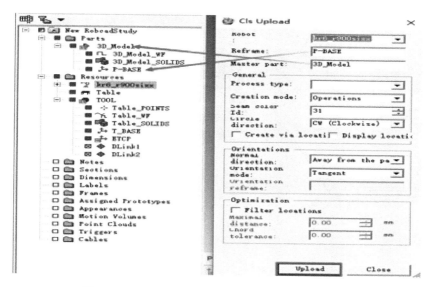

图 12-21　定义机器人参数后单击 Upload 按钮上传

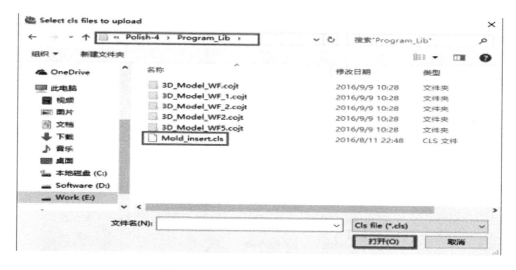

图 12-22　打开 Mold_insert.cls 文件

Step2. 此时弹出 Properties 对话框，在 Process 选项卡下，设置 Tool 为 TOOL，选择 External TCP 复选框，如图 12-24 所示。

12.3.6　模拟仿真

Step1. 选择程序段，拖动到 Sequence Editor 中，如图 12-25 所示。

Step2. 播放程序段，进行模拟仿真，如图 12-26 所示。

Step3. 通过仿真，观察到砂轮机的转动方向与工件抛光方向不合理，需做调整，如图 12-27 所示。

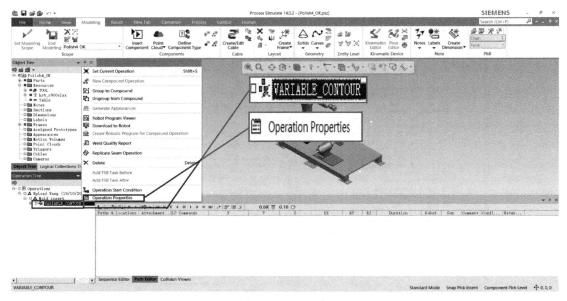

图 12-23　选择操作属性

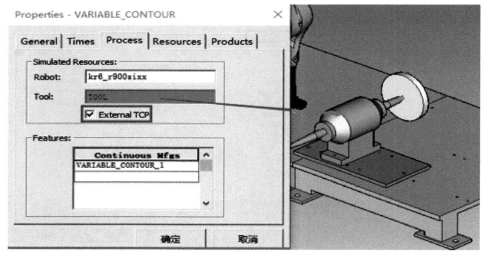

图 12-24　定义外部 TCP 工具参数

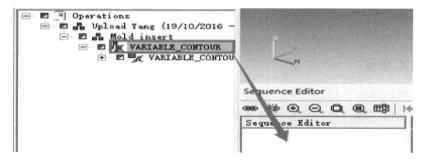

图 12-25　选中程序段拖至 Sequence Editor 中

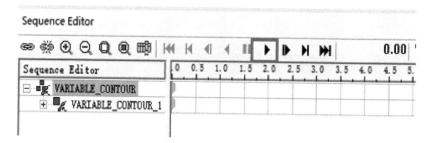

图 12-26 模拟仿真

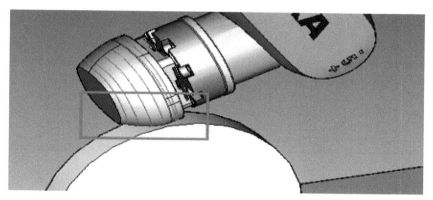

图 12-27 工件调整

12.3.7 优化程序段路径

Step1. 选择 VARIABLE_CONTOUR_1 程序段，添加到 Path Editor 中，如图 12-28 所示。

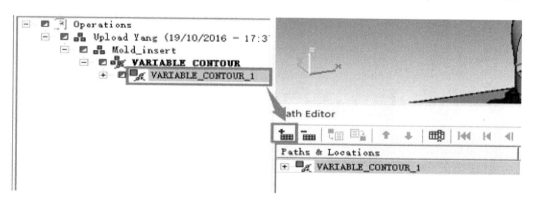

图 12-28 选中程序段并添加到 Path Editor 中

Step2. 调整抛光方位，在 Path Editor 中选择 VARIABLE_CONTOUR_1，然后选择 Operation→Location Manipulator 选项，如图 12-29 所示。

Step3. 在弹出的对话框中选择 Rz 作为旋转轴，向正方向转 90°，如图 12-30 所示。

Step4. 在 Path Editor 中选择 VARIABLE_CONTOUR_1，然后选择 Operation→Add Location Before 选项，添加进刀位置如图 12-31 所示。

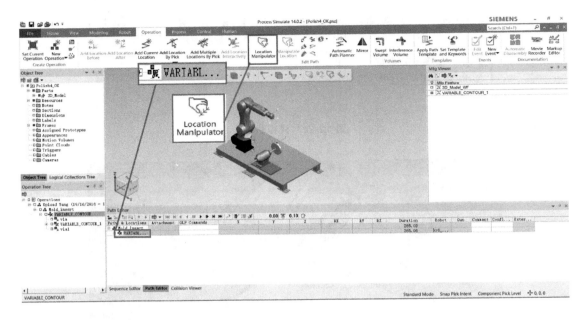

图 12-29　选中程序段并选择位置操控选项

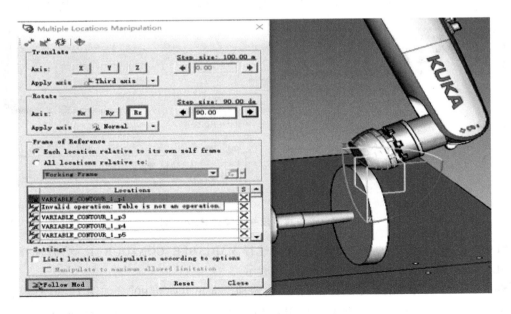

图 12-30　设置旋转轴及方向

第12章 抛光

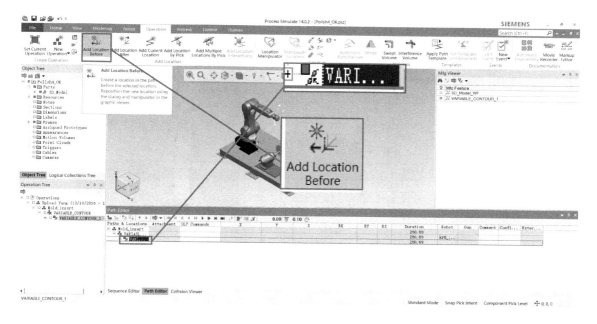

图12-31 添加进刀位置

Step5. 在弹出的对话框中，在Translate下选择z轴，使其向正方向移动10mm，如图12-32所示。

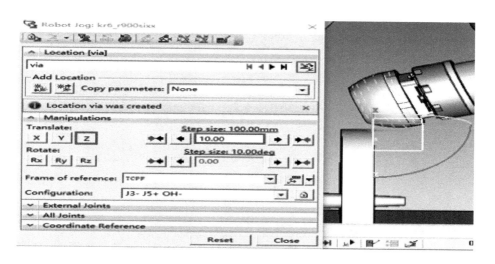

图12-32 定义进刀位置偏移数据

Step6. 在Path Editor中选择VARIABLE_CONTOUR_1，然后选择Operation→Add Location After选项，在弹出的对话框中，在Translate下选择z轴，使其向正方向移动50mm，定义退刀位置偏移数据，如图12-33所示。

Step7. 在Operation Tree中选择via1，然后选择Operation→Add Current Location选项，如图12-34所示。

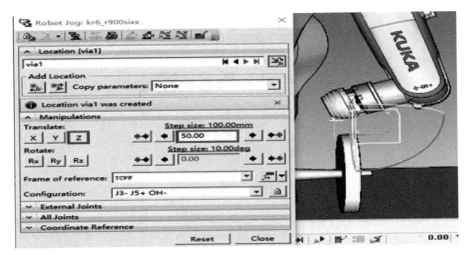

图 12-33　定义退刀位置偏移数据

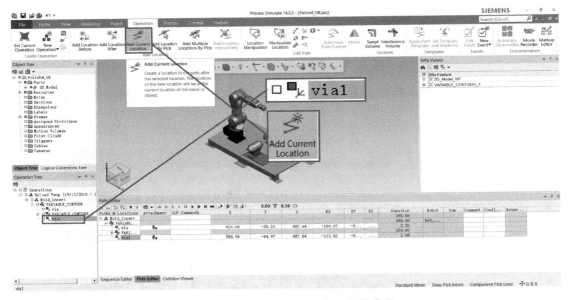

图 12-34　选择添加机器人初始位置选项

12.3.8　设置机器人控制器

Step1. 选中机器人，单击鼠标右键，选择 Controller Settings 选项，如图 12-35 所示。

Step2. 在弹出的 Controller Settings 对话框中，选择 Controller 为 Kuka-Krc，选择 Controlller Version 为 v8.3（前提是需要安装 Kuka 机器人的 OLP），如图 12-36 所示。

Step3. 选中机器人，选择 Robot→Robot Setup 选项，如图 12-37 所示。

Step4. 在弹出的对话框中单击 Tool&Base 按钮，在打开的对话框中设置参数，如图 12-38 所示。

Step5. 选择 Base 下的坐标图标，在 Select Base Location 对话框中选择 C-BASE，单击 OK 按钮，再单击 Apply 按钮，如图 12-39 所示。

图 12-35 选择控制器设置选项

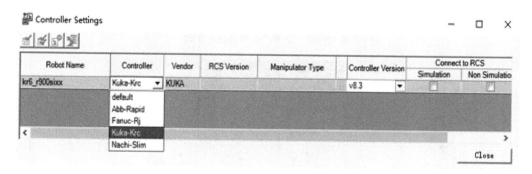

图 12-36 选择控制器类型和版本

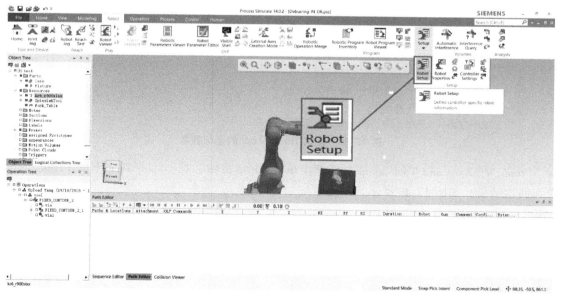

图 12-37 选择机器人设置选项

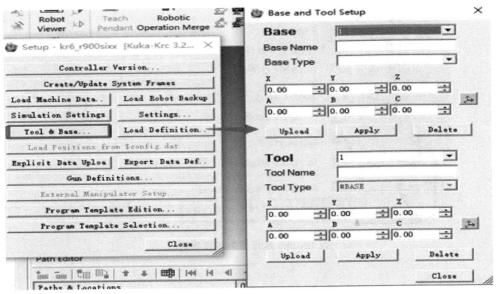

图 12-38　设置 Tool&Base 参数

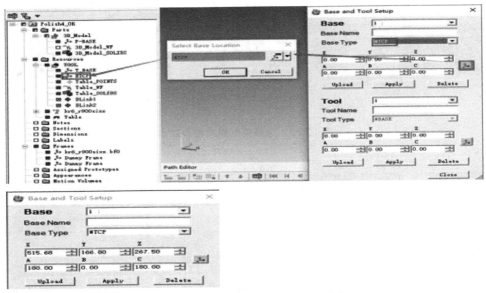

图 12-39　定义 Base&Tool 的坐标参数

Step6. 在 Base and Tool Setup 对话框中单击 Close 按钮，在 Object Tree 下的 Frames 可查看到创建结果，如图 12-40 所示。

12.3.9　设置位置属性

Step1. 在序列编辑器中选择 VARIABLE_CONTOUR_1 程序段，添加到 Path Editor 中。在 Path Editor 中选择 VARIABLE_CONTOUR_1 程序段，单击 Set Locations Properties 图标，如图 12-41 所示。

Step2. 在弹出的对话框中设置机器人程序运行参数，如图 12-42 所示。

第12章　抛光

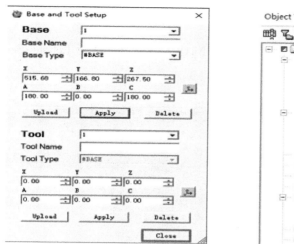
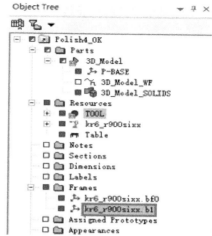

图12-40　坐标系创建结果

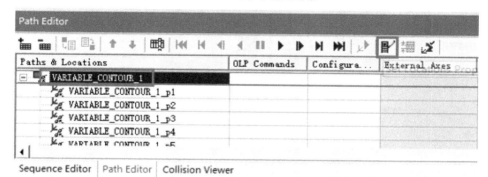

图12-41　选中程序段设置位置属性

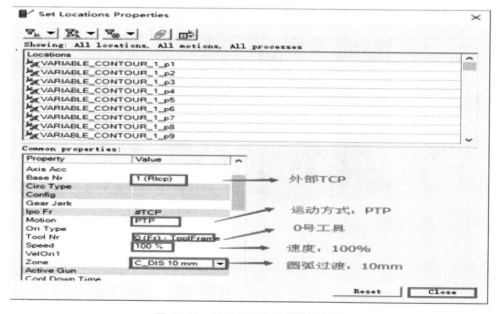

图12-42　设置机器人程序运行参数

12.3.10 对机器人程序示教

Step1. 在 Operation Tree 中选中 VARIABLE_CONTOUR_1,然后选择 Robot→Setup→Robot Configuration 选项,如图 12-43 所示。

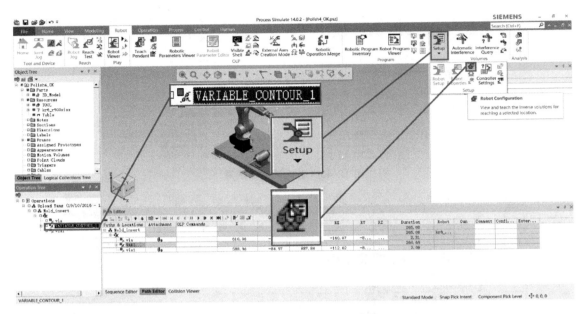

图 12-43 选择机器人配置选项

Step2. 在弹出的 Robot Configuration 对话框中选择 J3-J5+OH,然后单击 Teach 按钮,此时 Path Editor 下的 Configuration 对应栏出现对号,说明示教成功,单击 Close 按钮关闭 Robot Configuration 对话框,如图 12-44 所示。

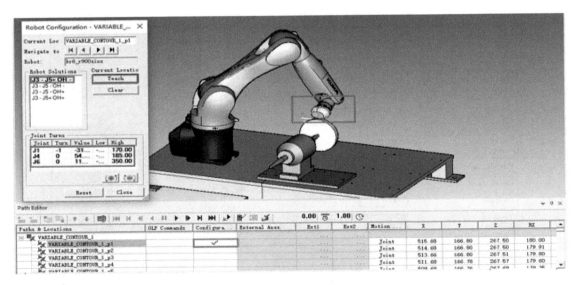

图 12-44 设置示教操作

Step3. 选择 Robot→Set Robots for Auto Teach 选项，设置机器人自动示教如图 12-45 所示。

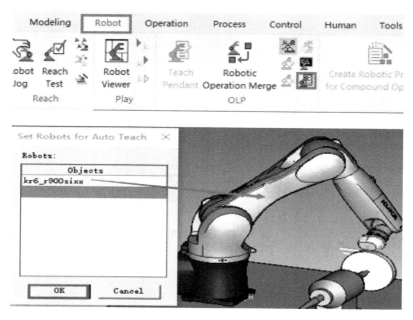

图 12-45　选择机器人自动示教选项

Step4. 在 Path Editor 中开启自动示教，如图 12-46 所示。

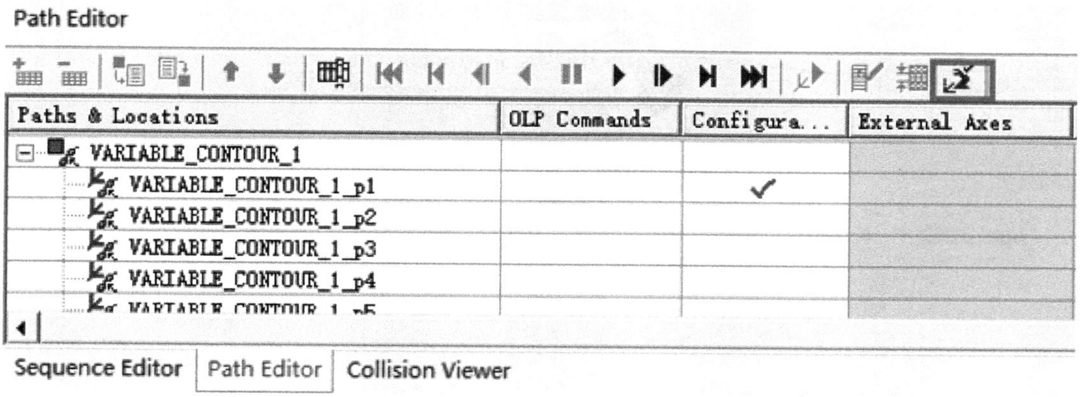

图 12-46　设置自动示教

Step5. 单击播放按钮，程序自动记录示教，如图 12-47 所示。

12.3.11　下载机器人程序

Step1. 在 Operation Tree 中选择 VARIABLE_CONTOUR，单击鼠标右键，选择 Download to Robot 选项，如图 12-48 所示。

Step2. 设置存放路径后保存，下载成功。设置存放路径如图 12-49 所示。

图 12-47　程序模拟仿真

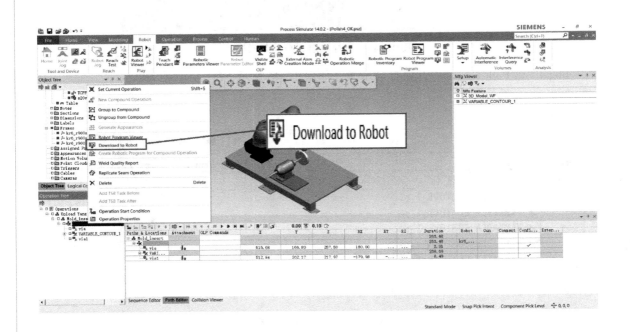

图 12-48　选择 Download to Robot 选项

12.3.12　保存

播放完模型运动后（注：每播放完一次都要单击 按钮回到模型初始状态），单击 按钮保存项目。

第12章 抛光

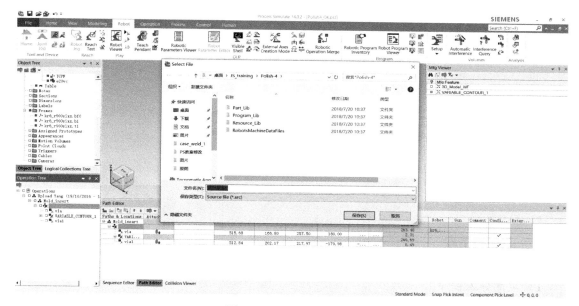

图 12-49　设置存放路径

第 13 章

去毛刺（内部TCP）

13.1 教学目标

1）巩固导入程序。
2）学会使用机器人内部 TCP 进行仿真。
3）巩固设置机器人控制器。
4）学会创建机器人系统坐标系。
5）巩固设置路径点参数。
6）巩固对机器人程序示教。
7）巩固下载机器人程序。

13.2 工作任务

1）导入文件。
2）设定工具的坐标系。
3）工具属性。
4）工具装夹。
5）设置工件坐标系。
6）导入程序。
7）模拟仿真。
8）优化程序段路径。
9）设置机器人控制器。
10）机器人系统坐标系创建。
11）设置位置属性。
12）对机器人程序示教。
13）下载机器人程序。
14）保存。

13.3 实践操作

13.3.1 导入文件

Step1. 设置库根路径（选择 File→Options 选项或者按 F6 键），如图 13-1 所示。

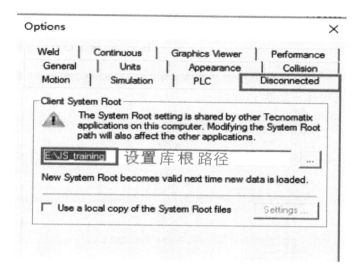

图 13-1 设置库根路径

Step2. 创建一个新的项目（选择 File→Disconnected Study→New Study 选项），如图 13-2 所示。

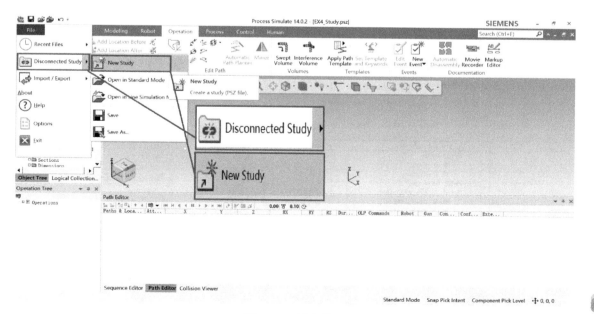

图 13-2 新建项目

Step3. 在弹出的 New Study 对话框中单击 Create 按钮，如图 13-3 所示。

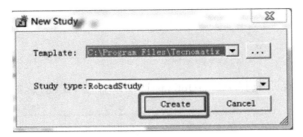

图 13-3　单击 Create 按钮

Step4. 在菜单栏中选择 Modeling→Insert Component 选项，在打开的对话框中进行选择，插入组件，如图 13-4 所示。

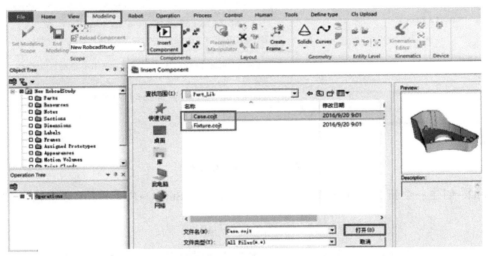

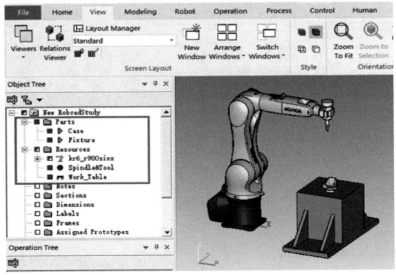

图 13-4　插入组件

13.3.2 设定工具的坐标

Step1. 选择 Spindle&Tool，然后选择菜单栏中的 Modeling→Set Modeling Scope 选项，Spindle&Tool 显示为 M 红色标记，表示已进入可编辑状态，如图13-5所示。

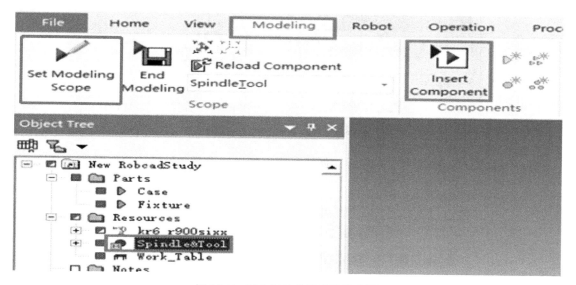

图13-5 选中工具并设置建模范围

Step2. 设置机器人法兰盘中心位置的坐标，选择 Modeling →Crete Frame→ Frame by 6 values 选项，如图13-6所示。

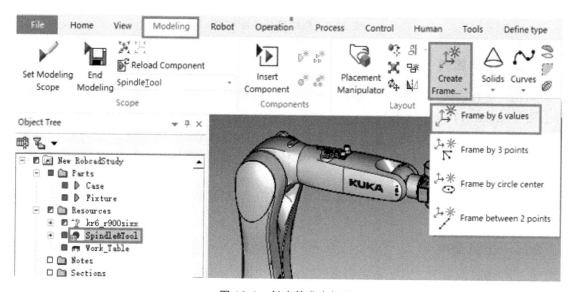

图13-6 创建基准坐标系

Step3. 在弹出的对话框中设置坐标系参数，单击 OK 按钮完成，然后按 F2 键进行更名，更名为 S-BASE，如图13-7所示。

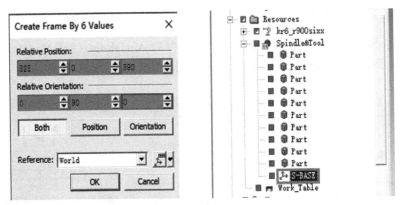

图 13-7　坐标系更名为 S-BASE

Step4. 设置刀具的加工中心坐标，创建完成后将坐标系更名为 TCP，如图 13-8 所示。

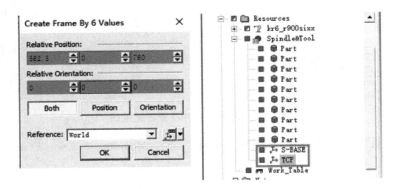

图 13-8　坐标系更名为 TCP

13.3.3　工具属性

Step1. 在 Object Tree 中选择 Spindle&Tool，然后选择 Modeling→Tool Definition 选项，进行主轴（Spindle&TooL）工具定义，如图 13-9 所示。

Step2. 弹出提示对话框，单击确定按钮，如图 13-10 所示。

Step3. 弹出 Tool Definition-Spindle&Tool 对话框，选择 TCP Frame 为 TCP，选择 Base Frame 为 S-BASE，如图 13-11 所示。

Step4. 此时，TCP 坐标系图标变成带绿色钥匙显示的形式，则工具定义成功，如图 13-12 所示。

13.3.4　工具装夹

Step1. 选择机器人，单击鼠标右键，选择 Mount Tool 选项，如图 13-13 所示。

Step2. 在弹出的 Mount Tool 对话框中选择 Tool 为 Spindle&Tool，选择 Frame 为 S-BASE，选择 Mount on 为 kr6_r900sixx，选择 Frame 为 TCPF，如图 13-14 所示。

Step3. 选中机器人，单击鼠标右键，选择 Robot Jog 选项，如图 13-15 所示。

第13章 去毛刺（内部TCP）

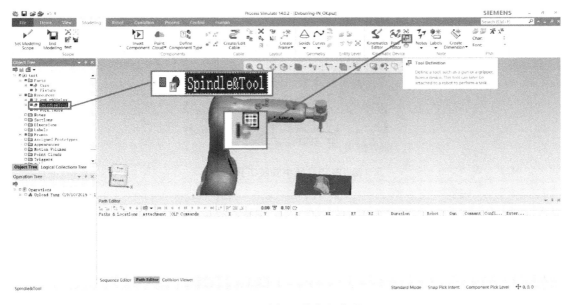

图 13-9　选择工具定义选项

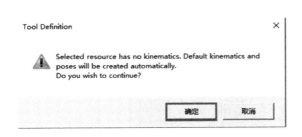

图 13-10　弹出提示对话框并单击确定按钮

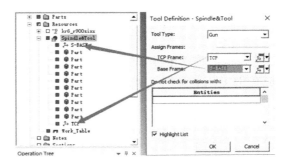

图 13-11　定义工具属性参数

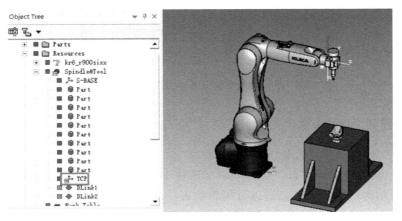

图 13-12　工具定义成功

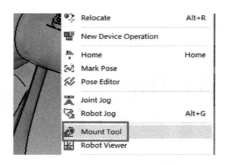

图 13-13 选中安装工具选项

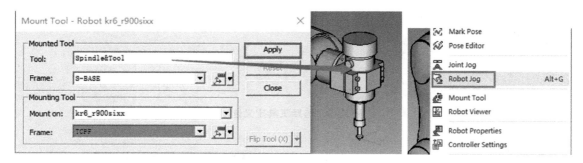

图 13-14 定义工具安装参数　　　　图 13-15 选中机器人调整选项

Step4. 拖动坐标系检查连接联动，然后在 Robot Jog 对话框中单击 Reset 按钮（此时坐标应在 TCP 上，证明机器人与工具连接后工作坐标系变为 TCP 坐标系），如图 13-16 所示。

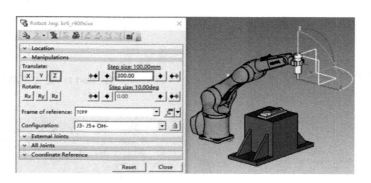

图 13-16 拖动坐标系检查工具连接联动

13.3.5 设置工件坐标系

设定 Case 工件坐标系（C-BASE）：

- 将 Case 设置为编辑状态，选择 Case，选择 Modeling→Set Modeling Scope 选项。
- Case 显示为红色，表示已进入可编辑状态。
- 选择 Case，选择 Modeling→Create Frame→Frame by 6 values 选项，并按 F2 键将坐标系更名为 C-BASE，如图 13-17 所示。

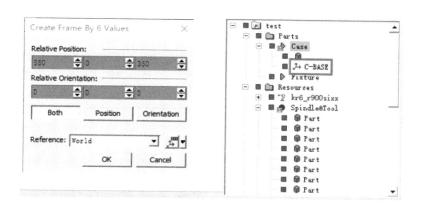

图 13-17 创建工件基准坐标系 C-BASE

13.3.6 导入程序

Step1. 在菜单栏的空白处单击鼠标右键，选择 Customize the Ribbon... 选项，如图 13-18 所示。

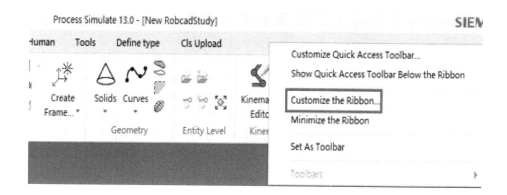

图 13-18 选择 Customize the Ribbon... 选项

Step2. 此时显示 Customize 对话框中的 Customize Ribbon 选项界面，从中添加 Cls Upload 选项，如图 13-19 所示。

Step3. 在 Object Tree 中选中机器人，在 Cls Uplaod 对话框中设置参数后上传，如图 13-20 所示。

Step4. 在 Select cls files to upload 对话框中选择 Deburring-IN→Program_Lib→tool.cls 文件并打开，如图 13-21 所示。

13.3.7 模拟仿真

Step1. 选择程序段，拖动到 Sequence Editor 中，如图 13-22 所示。

Step2. 播放程序段，进行模拟仿真，如图 13-23 所示。

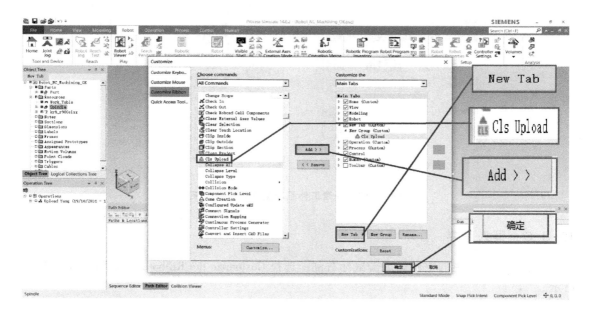

图 13-19　添加 Cls Upload 选项

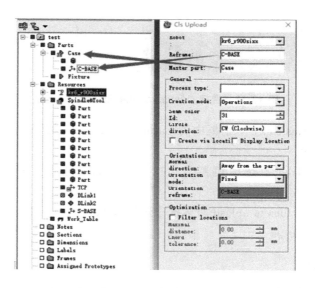

图 13-20　定义机器人参数后上传

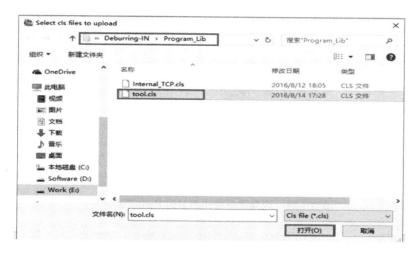

图 13-21　打开 tool.cls 文件

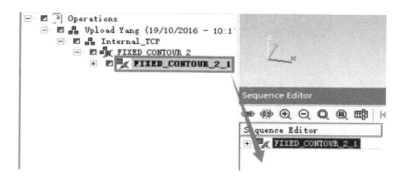

图 13-22　选择程序段并添加到 Sequence Editor 中（序列编辑器）

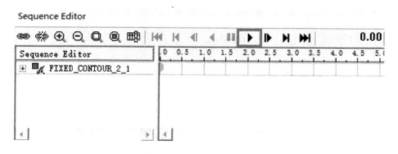

图 13-23　模拟仿真

13.3.8　优化程序段路径

Step1. 选择 FIXED_CONTOUR_2_1 程序段，添加到 Path Editor 中，如图 13-24 所示。

Step2. 在 Operation Tree 中选中 FIXED_CONTOUR_2_1，然后选择 Operation→Add Location Before 选项，即添加进刀位置，如图 13-25 所示。

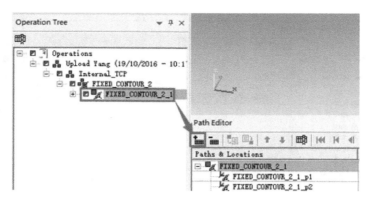

图 13-24　选择程序段并添加到 Path Editor 中

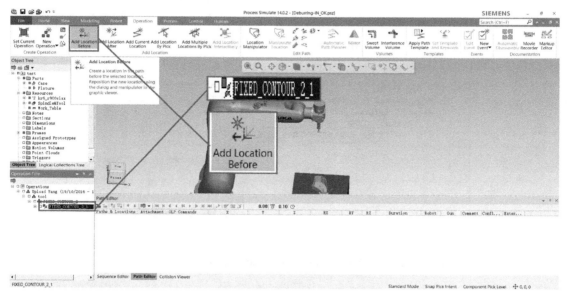

图 13-25　添加进刀位置

Step3. 在弹出的对话框中，在 Translate 下选择 x 轴，使其沿正方向移动 10mm，如图 13-26 所示。

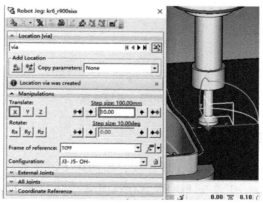

图 13-26　定义进刀偏移数据

第13章 去毛刺（内部TCP）

Step4. 在 Operation Tree 中选择 FIXED_CONTOUR_2_1，然后选择 Operation→Add Location After 选项，在弹出的对话框中，在 Translate 下选择 z 轴，使其沿正方向移动 50mm，如图 13-27 所示。

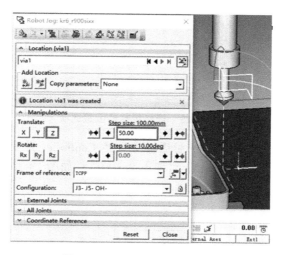

图 13-27　定义退刀偏移数据

Step5. 在 Operation Tree 中选择 via1，然后选择 Operation→Add Current Location 选项，如图 13-28 所示。

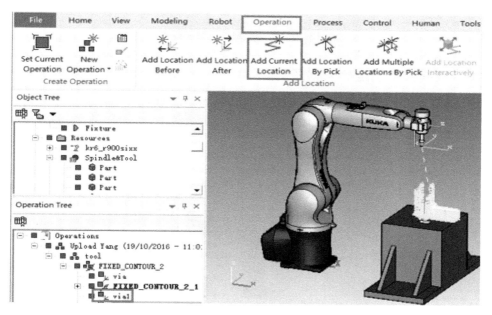

图 13-28　选择添加机器人初始位置选项

13.3.9　设置机器人控制器

Step1. 选中机器人，单击鼠标右键，选择 Controller Settings 选项，如图 13-29 所示。

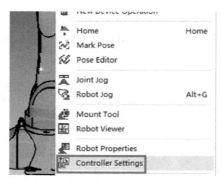

图 13-29 选择控制器设置选项

Step2. 在弹出的 Controller Settings 对话框中选择 Controller 为 Kuka-Krc，选择 Controlller Version 为 v8.3（前提是需要安装 Kuka 机器人的 OLP），如图 13-30 所示。

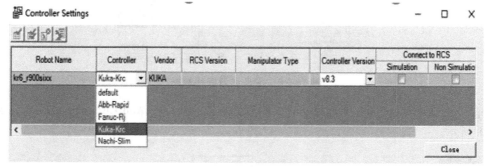

图 13-30 定义控制器类型和版本

13.3.10 机器人系统坐标系创建

Step1. 选中机器人，选择 Robot→Robot Setup 选项，如图 13-31 所示。

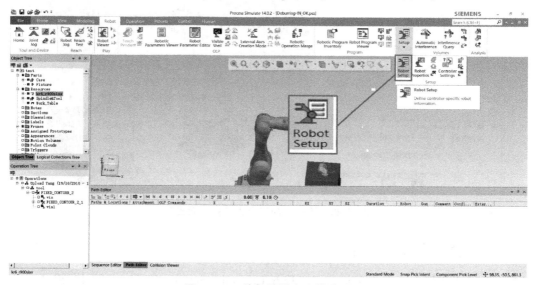

图 13-31 选择机器人设置选项

Step2. 在弹出的对话框中单击 Tool&Base 按钮，在打开的对话框中设置参数，如图 13-32 所示。

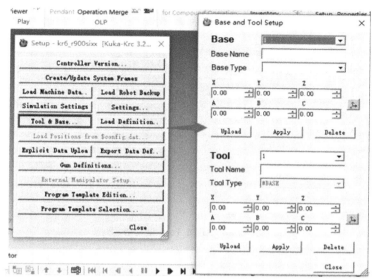

图 13-32　设置 Tool&Base 参数

Step3. 选择 Base 下的坐标图标，然后在 Select Base Location 对话框选择 C-BASE，单击 OK 按钮，单击 Apply 按钮，如图 13-33 所示。

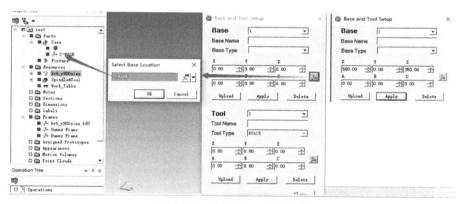

图 13-33　定义 Base 坐标参数

Step4. 选择 Tool 下的坐标图标，在 Select Tool Location 对话框中选择 TCP，单击 OK 按钮，再单击 Apply 按钮，如图 13-34 所示。

Step5. 在 Base and Tool Setup 对话框中单击 Close 按钮，在 Object Tree 下的 Frames 可查看到创建结果，如图 13-35 所示。

13.3.11　设置位置属性

Step1. 在路径编辑器中选择 FIXED_CONTOUR_2 程序段，添加到 Path Editor。在 Path Editor 中选择 FIXED_CONTOUR_2 程序段，单击 Set Locations Properties 图标，如图 13-36 所示。

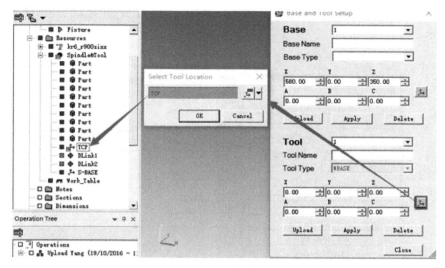

图 13-34 定义 Tool 坐标参数

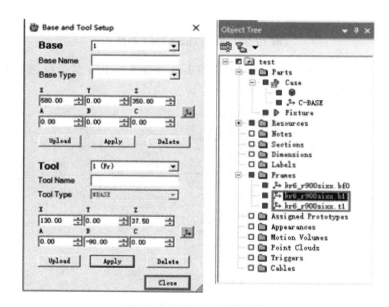

图 13-35 坐标系创建结果

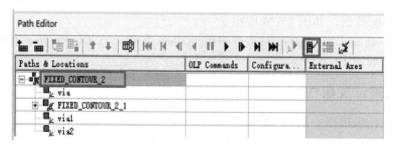

图 13-36 选中程序段设置位置属性

Step2. 在弹出的对话框中设置机器人程序运行参数，如图13-37所示。

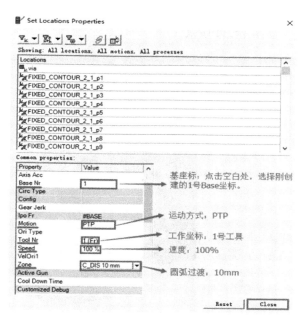

图13-37　设置机器人程序运行参数

13.3.12　对机器人程序示教

Step1. 在 Operation Tree 中选中 FIXED_CONTOUR_2_1 程序段，然后选择 Robot→Setup→Robot Configuration 选项，如图13-38所示。

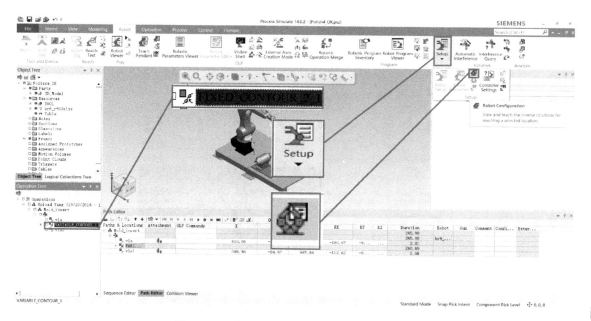

图13-38　选中程序段并选择机器人配置选项

Step2. 在弹出的 Robot Configuration 对话框中，选择 J3-J5-OH-，然后单击 Teach 按钮，此时 Path Editor 下的 Configuration 对应栏出现对号，说明示教成功，单击 Close 按钮关闭 Robot Configuration 对话框，如图 13-39 所示。

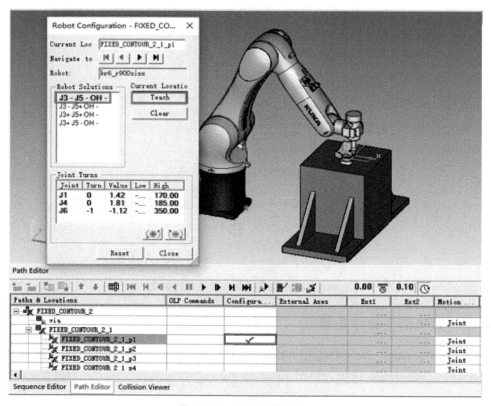

图 13-39　设置示教操作

Step3. 选择 Robot→Set Robots for Auto Teach 选项，设置机器人自动示教，如图 13-40 所示。

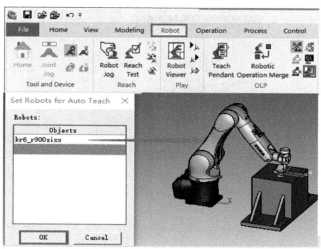

图 13-40　选择机器人自动示教选项

Step4. 在 Path Editor 中开启自动示教，如图 13-41 所示。

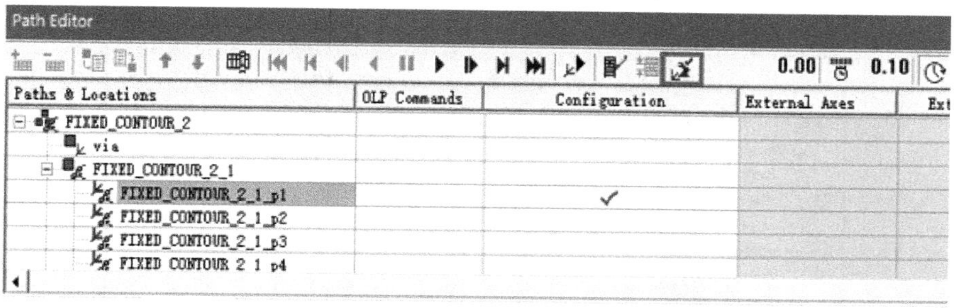

图 13-41　设置自动示教

Step5. 单击播放按钮，程序自动记录示教，如图 13-42 所示。

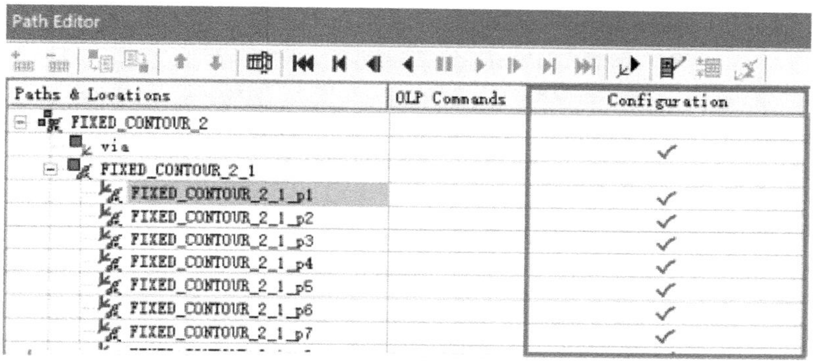

图 13-42　模拟仿真

13.3.13　下载机器人程序

Step1. 在 Operation Tree 中选中 FIXED_CONTOUR_2，单击鼠标右键，选择 Download to Robot 选项，如图 13-43 所示。

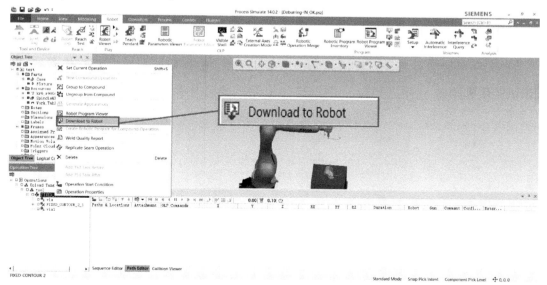

图 13-43　选择下载到机器人选项

Step2. 设置存放路径，如图 13-44 所示。

图 13-44　设置存放路径

Step3. 下载成功，如图 13-45 所示。

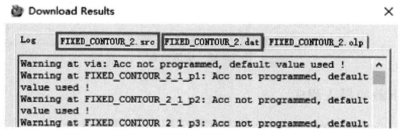

图 13-45　下载结果

13.3.14　保存

播放完模型运动后（注：每播放完一次都要单击 ⏮ 按钮回到模型初始状态），单击 💾 按钮保存项目。

第14章

去毛刺（外部TCP）

14.1 教学目标

1）巩固导入文件。
2）学习将工件连接至机器人。
3）巩固工具定义。
4）学会使用 CLS 导入程序。

14.2 工作任务

1）导入文件。
2）将工件连接至机器人。
3）工具定义。
4）导入程序。
5）优化程序。
6）保存。

14.3 实践操作

14.3.1 导入文件

Step1. 设置库根路径（选择 File→Options 选项或者按 F6 键），如图 14-1 所示。
Step2. 创建一个新的项目（选择 File→Disconnected Study→New Study 选项），如图 14-2 所示。
Step3. 在弹出的 New Study 对话框中单击 Create 按钮，如图 14-3 所示。
Step4. 在菜单栏中选择 Modeling→Insert Component 选项，在打开的对话框中选择插入的组件，如图 14-4 所示。

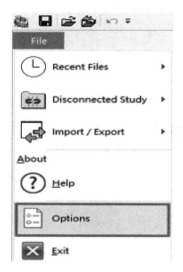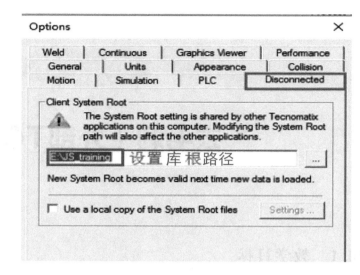

图 14-1 设置库根路径

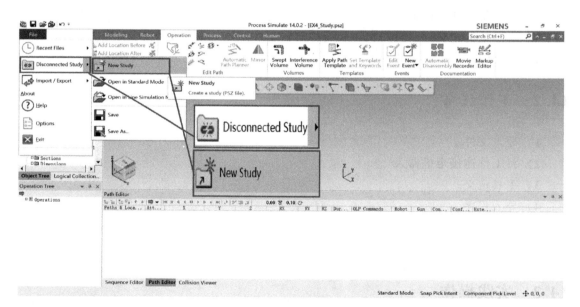

图 14-2 新建项目

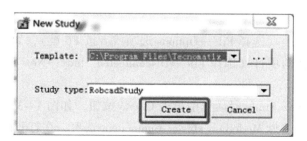

图 14-3 单击 Create 按钮

第14章 去毛刺（外部TCP）

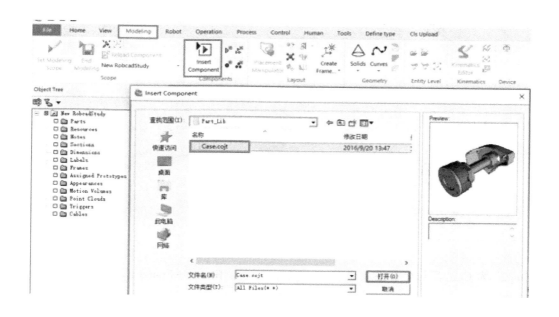

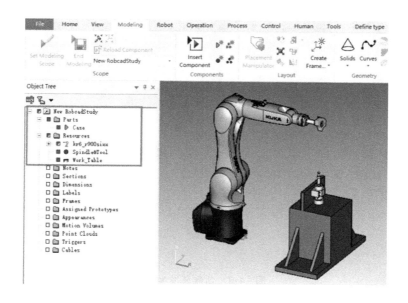

图 14-4　插入组件

14.3.2　将工件连接至机器人

Step1. 在 Object Tree 中选中 Case，然后选择菜单栏中的 Modeling→Set Modeling Scope 选项，Case 前面显示 M 红色标记，表示已进入可编辑转态，如图 14-5 所示。

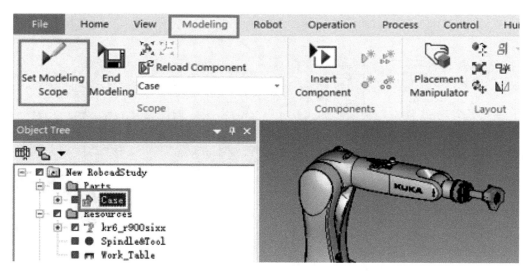

图 14-5 选中工件并设置建模范围

Step2. 为 Case 添加坐标系（选择 Modeling→Crete Frame→Frame by 6 values 选项），如图 14-6 所示。

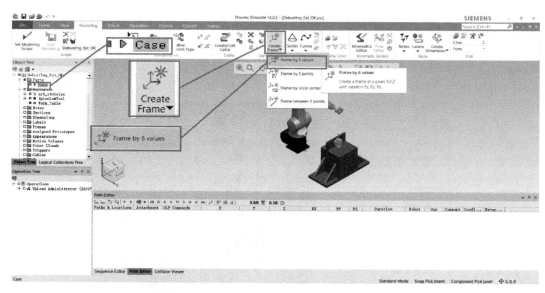

图 14-6 创建基准坐标系

Step3. 在弹出的对话框中设置坐标系参数，单击 OK 按钮完成，然后按 F2 键进行更名，更名为 C-BASE，如图 14-7 所示。

Step4. 选择 Home→Attachment→Attach 选项，如图 14-8 所示。

Step5. 在弹出的 Attach 对话框中，将 Attach Objects 设置为 Case，将 To Object 设置为 k7，如图 14-9 所示。

Step6. 选中机器人，单击鼠标右键，选择 Robot Jog 选项，如图 14-10 所示。

第14章 去毛刺（外部TCP）

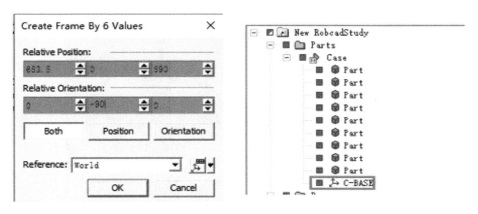

图 14-7　坐标系更名为 C-BASE

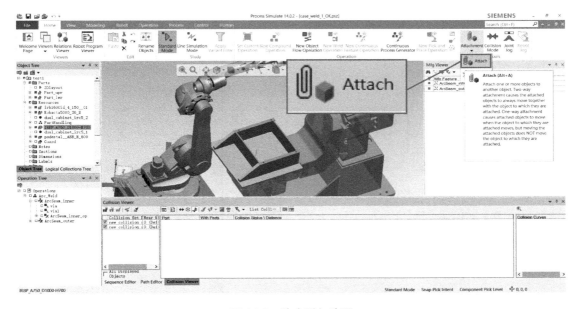

图 14-8　选中附加选项

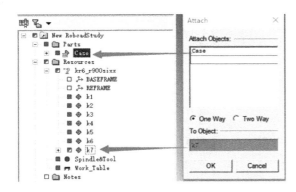

图 14-9　设置附加参数

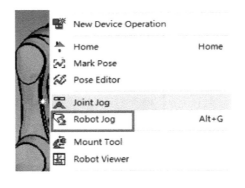

图 14-10　选择机器人调整选项

Step7. 拖动坐标系检查连接联动，然后在 Robot Job 对话框中单击 Reset 按钮，如图 14-11 所示。

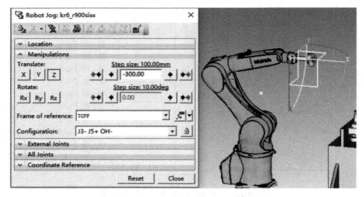

图 14-11　拖动坐标系检查连接联动

14.3.3　工具定义

Step1. 在 Object Tree 中选择 Spindle&Tool，然后选择 Modeling→Set Modeling Scope 选项，如图 14-12 所示。

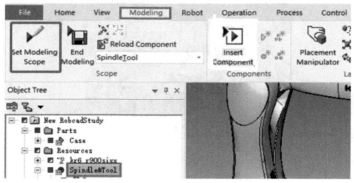

图 14-12　选中工具并设置建模范围

Step2. 在 Object Tree 中选中 Spindle&Tool，然后选择 Modeling→Grete Frame→Frame by 6 values 选项，在弹出的对话框中设置坐标系参数，单击 OK 按钮完成，然后按 F2 键进行更名，更名为 T-BASE，如图 14-13 所示。

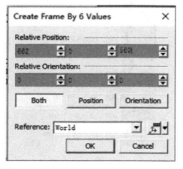 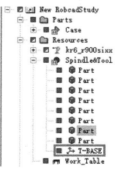

图 14-13　创建基准坐标系并更名为 T-BASE

Step3. 重复上一步骤的操作，建立 ETCP 坐标系，如图 14-14 所示。

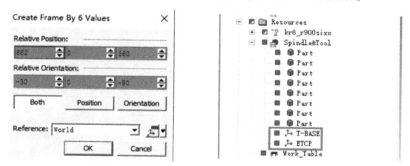

图 14-14　创建外部工作点坐标系 ETCP

Step4. 在 Object Tree 中选中 Spindle&Tool，然后选择 Modeling→Tool Defintion 选项，如图 14-15 所示。

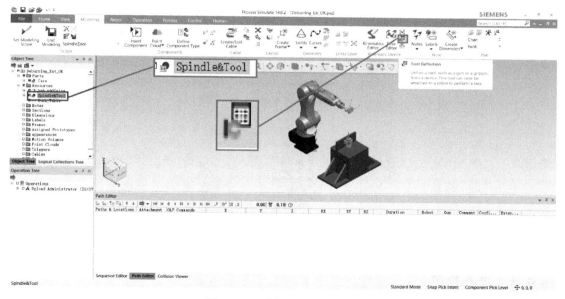

图 14-15　选择工具定义选项

Step5. 弹出提示对话框，单击确定按钮，如图 14-16 所示。

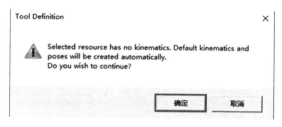

图 14-16　弹出提示对话框并单击确定按钮

Step6. 进入 Tool Defintion-Spindle&Tool 对话框，选择 Tool type 为 Gun，选择 TCP Frame 为 ETCP，选择 Base Frame 为 T-BASE，如图 14-17 所示。

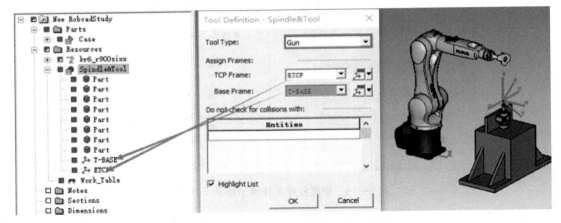

图 14-17　定义工具属性参数

Step7. 此时，ETCP 坐标系图标变成绿色钥匙图标的形式，则工具定义成功，如图 14-18 所示。

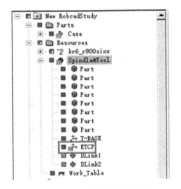

图 14-18　工具定义成功

14.3.4　导入程序

Step1. 在菜单栏的空白处单击鼠标右键，选择 Customize the Ribbon... 选项，如图 14-19 所示。

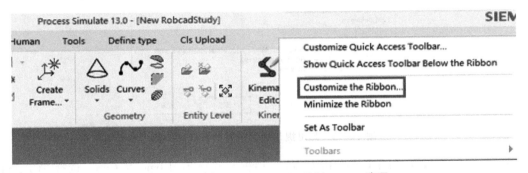

图 14-19　选择 Customize the Ribbon... 选项

Step2. 在 Customize 对话框中的 Customize Ribbon 选项界面，从中添加 Cls Upload 选项，如图 14-20 所示。

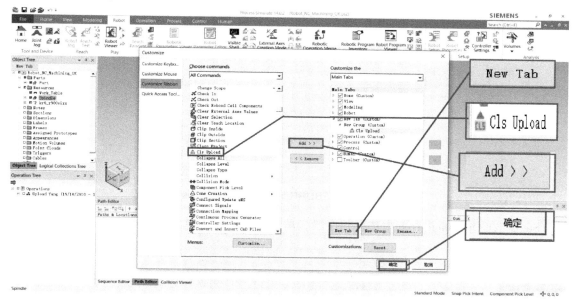

图 14-20　添加 Cls Upload 选项

Step3. 在 Object Tree 中选中机器人在 Cls Uplaod 对话框中设置参数后单击 Upload 按钮上传，如图 14-21 所示。

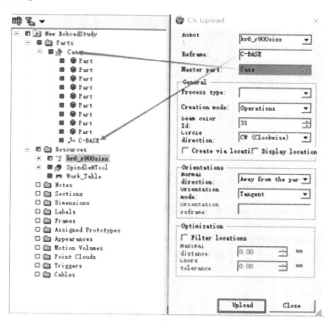

图 14-21　定义机器人参数后上传

Step4. 在 Select files to upload 对话框中选择路径 Deburring_Ext→Program_Lib，找到 DE-BURRING-EXTERNAL.cls 文件并打开，如图 14-22 所示。

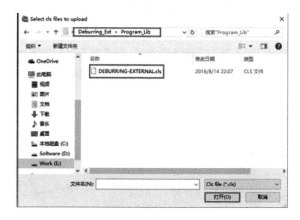

图 14-22　打开 DEBURRING-EXTERNAL.cls 文件

　　Step5. 在 Operation Tree 中选择程序段，单击鼠标右键，选择 Operation Properties 选项，如图 14-23 所示。

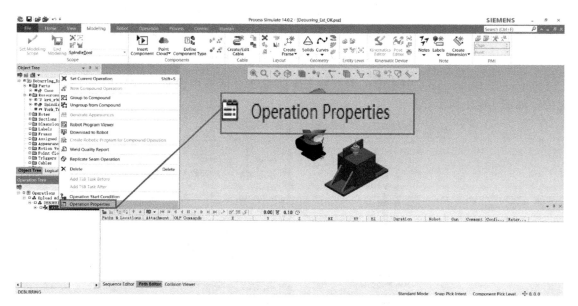

图 14-23　选择操作属性选项

　　Step6. 在弹出的 Properties-DEBURRING 对话框中，选择 Process 选项卡，Tool 选择 Spindle&Tool，勾选 Exteral TCP 复选框，如图 14-24 所示。

14.3.5　优化程序

　　Step1. 在 Operation Tree 中选择 DEBURRING_1 程序段，添加到 Path Editor 中，如图 14-25 所示。

　　Step2. 在 Operation Tree 中选择 DEBURRING_1，然后选择 Operation→Add Location Before 选项，即添加进刀位置，如图 14-26 所示。

第14章 去毛刺（外部TCP）

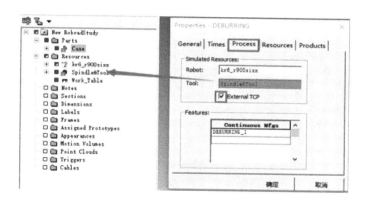

图 14-24　定义属性参数

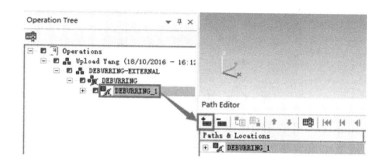

图 14-25　选中程序段并拖动至 Path Editor 中

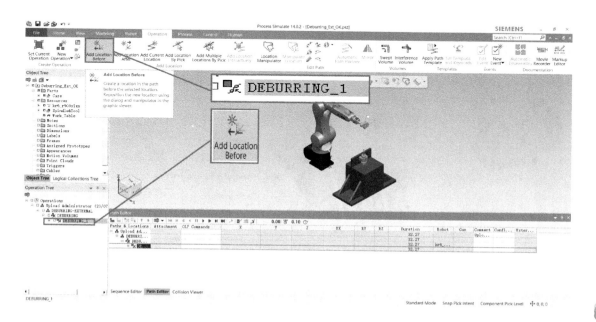

图 14-26　添加进刀位置

Step3. 在弹出的对话框中,在 Translate 下选择 y 轴,使其沿负方向移动 10mm,如图 14-27 所示。

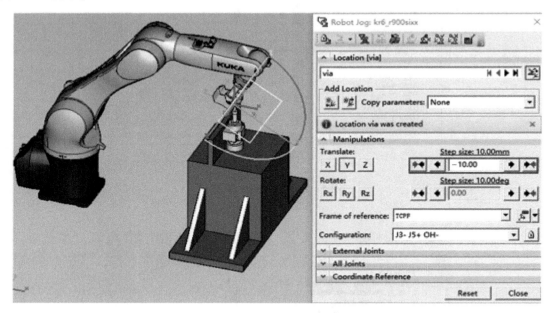

图 14-27 定义进刀偏移数据

Step4. 在 Operation Tree 中选择 DEBURRING_1,然后选择 Operation→Add Location After 选项,在打开的对话框中设置参数,如图 14-28 所示。

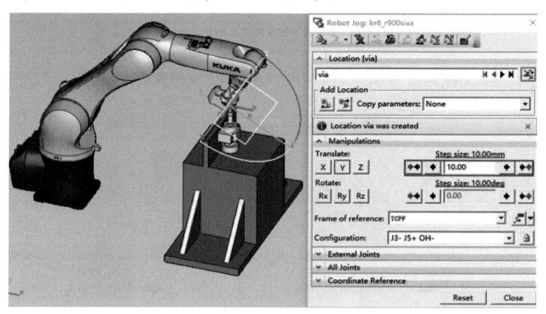

图 14-28 定义退刀偏移数据

Step5. 在 Operation Tree 中选择 via1,然后选择 Operation→Add Current Location 选项,如图 14-29 所示。

第14章 去毛刺（外部TCP）

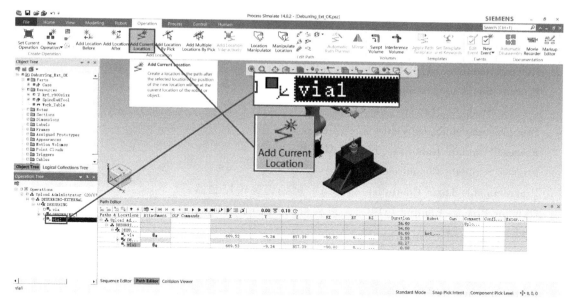

图14-29 选择添加机器人初始位置选项

14.3.6 保存

播放完模型运动后（注：每播放完一次都要单击 ⏮ 按钮回到模型初始状态），单击 💾 按钮保存项目。

缩略语索引

Process Simulate　过程模拟仿真
Process Simulate Assembly　过程模拟装配
Process Simulate Human　过程模拟人类
Process Simulate Spot Weld　过程模拟点焊
Process Simulate Robotics　过程模拟机器人
Process Simulate Commissioning　过程模拟调试
Programmable Logic Controller（PLC）　可编程逻辑控制器
OLE for Process Control（OPC）　过程自动控制的 OLE
Modeling　造型
Object Tree　对象树
Parts　零件
Part Prototype　零件原型
Geometry　几何
Solids　固体
Box Creation　创建正方体
Insert Component　插入组件
Gripper　夹爪，抓手
Display Only　仅显示
Set Modeling Scope　设置建模范围
Create Frame　创建坐标系
Frame by 6 values　坐标系由 6 个值组成
Frame between 2 points　坐标系由两个点组成
Placement Manipulator　放置机械手
End Modeling　结束建模
Kinematics　运动学
Tool Definition　工具定义
Kinematics Editor　运动学编辑器
Create Link　创建链接
Link Properties　链接属性
Joint Properties　关节属性
Joint type　关节类型
Revolute　旋转
Prismatic　平移
Pose Editor　姿势编辑
Mount Tool　装载工具
Relocate　重新定位

Robot Jog　机器人移动
New Compound Operation　新的复合操作
Operations　操作
New Object Flow Operation　新对象流操作
Duration　持续时间
Set Current Operation　设置当前操作
Sequence Editor　序列编辑器
New Pick and Place Operation　新建拾取和放置操作
Path Editing　路径编辑
Add Location Before　之前添加位置
Add Current Location　添加当前位置
Add Location After　之后添加位置
OLP Commands　OLP 命令
Standard Commands　标准命令
Part Handling　部件装卸
Attach　附加
Set Gripped Objects List　设置抓取对象列表
Defined list of objects　定义的对象列表
Motion Type　动作类型
Set Location Properties　设置位置属性
Create Curves　创建曲线
Create Isoparametric Curves　创建等参数曲线
Continuous Process Generator　连续过程生成器
Mfg Viewer　Mfg 查看器
Spin angle　旋转角度
Create Continuous Mfgs from Curves　从曲线创建连续 Mfgs
Indicate Seam Start　表明缝开始
Project Arc Seam　项目弧缝
Edit Mfg Feature Data　编辑 Mfg 功能数据
Collision Mode　碰撞模式
Collision Viewer　碰撞查看器
Robot Properties　机器人属性
External Axes　外部轴
Set External Axes Values　设置外部轴值
Approach Value　接近值
Customize the Ribbon　自定义功能区
Location Manipulator　位置操纵器
Controller Settings　控制器设置
Set Locations Properties　设置位置属性
Set Robots for Auto Teach　示教机器人

参 考 文 献

［1］王熙，王守城，牛泓博，等. 液压工程夹持器压力自适应电液比例控制［J］. 液压气动与密封，2018（9）：42-45.

［2］周明伟，徐屹东，倪景忠. 基于PLM系统的标准化工作实践及思考［J］. 机械工业标准化与质量，2018（6）：48-51.

［3］张华，周广涛，王霏. 健身自行车架焊接顺序优化的数值模拟［J］. 机械工程材料，2016（4）：38-42；88.

［4］张浩，郑葳. Process Simulate碳罐安装模拟的研究和讨论［J］. CAD/CAM与制造业信息化，2010（5）：57-60.

［5］谢承承，郭芬芬，夏笔，等. 基于制造业PLM系统的工程变更管理研究［J］. 工程机械，2014（4）：1-7；90.

［6］黄阳，田凌. 基于PLM的产品信息管理系统的设计与开发［J］. 机械设计与制造，2013（4）：1-3；7.

［7］魏志红. 产品全生命周期管理技术在电动汽车制造业的应用研究［D］. 长沙：湖南大学，2017.